常见羊病及其防治

杜 宁　郝力力　孔仲辉　主编

中国农业出版社
北 京

图书在版编目（CIP）数据

常见羊病及其防治/杜宁，郝力力，孔仲辉主编
.—北京：中国农业出版社，2020.12
ISBN 978-7-109-27642-0

Ⅰ.①常…　Ⅱ.①杜…②郝…③孔…　Ⅲ.①羊病－
防治　Ⅳ.①S858.26

中国版本图书馆 CIP 数据核字（2020）第 250870 号

中国农业出版社出版

地址：北京市朝阳区麦子店街 18 号楼
邮编：100125
责任编辑：周晓艳
版式设计：王　晨　责任校对：吴丽婷
印刷：中农印务有限公司
版次：2020 年 12 月第 1 版
印次：2020 年 12 月北京第 1 次印刷
发行：新华书店北京发行所
开本：880mm×1230mm　1/32
印张：2.75
字数：90 千字
定价：30.00 元

EDITORS **本书编写人员**

主　　编：杜　宁　郝力力　孔仲辉

副 主 编：吉色曲伍　邹国惠　刘　勇　阿都阿且

编写人员：徐存燕　高　阳　苏芳秀　赵兴元

　　　　　李英林　刘火石铁　何　勇　李　维

　　　　　曾　梅　吉木日布　加洛子哈　彭艳伶

　　　　　黄茜雯　陈　云　邓　钢　惹及拉呷

　　　　　李德文　吴　愁　董文芬　付玉梅

FOREWORD 前　言

　　畜牧业已经成为我国农业经济的支柱产业，养羊业在畜牧业生产中的比重日益增加。迫于环境和资源的双重压力，我国羊饲养由牧区向农区和南方草山草坡地区扩展转移已成必然之势。依托农区，可充分利用当地农作物秸秆和剩余劳动力等资源优势，发展舍饲、半舍饲、异地育肥等饲养模式，从而确保民众对羊肉的需求。

　　由放牧转变为圈养的过程中，羊的疾病防控问题难以回避。由于饲养环境和养殖方式的改变，羊病发生的风险大大增加，羊的传染病、寄生虫病和普通病已经严重制约我国养羊业的健康发展，部分人兽共患性传染病严重威胁公共卫生安全。

　　凉山彝族自治州地处四川省的西南部，畜牧业发达，2019年羊存栏量达 501.47 万只。但是羊病防治的整体水平较低，技术能力明显不足，除少数重大疾病外，绝大多数羊病"缺医、少药、无技术"，这种状况与我国快速发展的养羊业极不相称。为了提高凉山彝族自治州防控羊病的实际操作技术，推动我国羊产业的健康发展，西南民族大学畜牧兽医学院及凉山彝族自治州农业农村局动物疫病预防控制中心，将多年积累的羊病病例图片和防治经验进行整理，联合编写了《常见羊病及其防治》。

　　本书在结构上分羊疾病诊断、羊场消毒、常用疫苗、驱虫和常见疫病的诊治，书中的资料都是编者的亲身经历和经验分享。写作上简洁明了，一看就懂，既可作为兽医专业本科教育和研究生教育的参考用书，也能有助于养羊从业者进一步加强对羊病的深入理解。

　　由于编者水平所限，本书写作过程中难免存在错误和不足，诚请广大读者和同行批评指正。

编者

2020 年 6 月

CONTENTS 目　录

第一章 羊场疾病诊断

第一节 临床诊断的基本方法

从临床诊断的角度，对病羊进行直接检查，仍是当前羊病最基本的临床诊断方法，将问诊、视诊、触诊、叩诊、听诊、嗅诊六种方法诊断的信息综合起来加以分析，可对羊病做出初步诊断。

一、问诊

问诊指通过询问饲养人员，了解发病羊的有关情况（包括发病时间、发病头数、发病前后的表现、病史、治疗情况、免疫情况、饲养管理及羊的年龄等），对羊病进行初步分析判断。

二、视诊

视诊是临床兽医运用视觉来观察病羊全身或局部表现的诊断方法，在与病羊接触的第一刻即已开始，一般通过肉眼直接观察，而对某些特殊部位的检查则须借助仪器（如听诊器、血压计、体温表、叩诊锤、内镜、喉镜等）才能完成。

视诊包括全身视诊和局部视诊。全身视诊是对病羊的全身进行观察，如年龄、性别、膘情、体位、站姿、步态、精神意识状态等；局部视诊则是对某一局部进行更为细致的近距离观察，如巩膜有无黄染、扁桃体有无肿大、皮肤有无痘疹等。

三、触诊

触诊是临床兽医通过手感来判断所触内脏器官及躯体部分物

理特征的一种诊断方法，如大小、位置、硬度、移动度、压痛等。根据触诊力量的大小可将触诊分为浅部触诊法和深部触诊法。

1. 浅部触诊法　指检查人员将右手轻轻平放于被检查部位，利用掌指关节和腕关节的协调动作，轻柔地进行滑动触摸，注意被检部位有无搏动、肿块、压痛、抵抗感等。浅部触诊法不易引起病羊的疼痛感，适用于体表浅在的病变检查，如关节、软组织、浅部动脉、静脉、神经、阴囊、精索和浅部淋巴结等的检查。

2. 深部触诊法　指检查人员利用右手的二、三、四指指端或两手重叠，由浅入深、逐渐加压至深部脏器或病变，以确定深部病变的部位和性质。适用于腹部和内脏器官的检查。

四、叩诊

叩诊指检测人员运用手或借助于叩诊锤叩击羊体的某个部位表面，使之震动而产生音响，根据音响的特点或是否导致病羊疼痛来判断该部位脏器的状态及病变情况。根据音响的强度、高低和震动持续时间的长短，临床上将叩诊音区分为清音、浊音、实音、鼓音、过清音等。

1. 清音　清音是一种音调低、音响强、震动持续时间较长的声音，是肺部的正常叩诊音。此音提示肺组织弹性、含气量、致密度均正常。

2. 浊音　浊音是一种音调高、音响弱、震动持续时间较短的声音。正常情况下，当叩诊被少量含气组织覆盖的实质器官时可获得浊音，如心脏、肝脏被肺遮盖的部分叩诊为浊音；病理情况下，如发生肺炎时，因肺组织含气量减少，所以叩诊时亦可表现为浊音。

3. 实音　实音是一种较浊音音调更高、音响更弱、震动持续时间更短的声音。见于叩击实质脏器时所产生的叩诊音，如心脏、肝脏未被肺遮盖的部分；病理情况下，见于大量胸腔积液或肺组织实变等。

4. 鼓音　鼓音是一种较清音的音调更低、音响更强、震动持续时间更长的音响，类似击鼓的声音。多见于叩击含有大量气体的空腔脏器所发出的声音，病理情况下见于气胸、肺内大空洞及瘤胃臌气等。

5. 过清音　过清音是一种音调与音响介于清音与鼓音之间的声音，此音提示肺组织的含气量增多和弹性减弱，主要见于肺气肿。

五、听诊

听诊是检查人员直接用耳或借助于听诊器听取发自机体各部位的声音并判断其是否正常的一种诊断方法。此法使用方便且应用广泛，主要用于心、肺、腹部的听诊，也可适用于身体其他部位，如血管音、皮下捻发音、骨折摩擦音等的听诊。

六、嗅诊

嗅诊是指检测人员运用嗅觉判断来自病羊异常气味与疾病之间关系的一种诊断方法。检查时，用手将病羊身体上的异常气味扇向自己的鼻孔，以易于分辨。有时当病羊身体出现异常时，皮肤、黏膜、呼吸道、胃肠道、呕吐物、排泄物等会出现异常气味，临床兽医可依据嗅诊信息帮助诊断疾病。

第二节　体征诊断

体征是指观察到的病羊的客观异常表现或尸检发现的病变特征，它是诊断疾病的线索和依据之一，是反映病情的重要指标。在兽医临床上，依据病羊不适或异常感觉、病态表现（如疼痛、发热、呼吸困难、心脏杂音、腹泻、便血、水肿等），以及尸检病变（如水肿、积液、脏器肿大、组织化脓灶、出血等）等体征而作出的初步诊断，称之体征诊断。

一、发热

羊正常体温一般为 38～39.5℃，当体温高出正常范围可视作发热。引起羊发热的原因多见感染性发热，是由各种病原体（如细菌、病毒、支原体、立克次体、螺旋体、真菌、寄生虫）所致。

病羊发热时，必须要重视伴随的症状。例如，发热伴随寒战常见于肺炎球菌肺炎、败血症、急性溶血性疾病等；发热伴随关节痛常见于结核病、布鲁氏菌病、风湿热、结缔组织病；发热伴随咳嗽、咳痰、胸痛常见于呼吸系统疾病，如支气管炎、肺炎、胸膜炎等；发热伴随皮肤黏膜出血见于流行性出血热、钩端螺旋体病、败血症等。

二、咳嗽

临床上，羊骤然发生的咳嗽，多由于急性呼吸道炎症、气管内异物等引起；长期慢性咳嗽常见于呼吸道慢性疾病，如慢性支气管炎、支气管扩张和肺结核等；无痰或痰量甚少的干性咳嗽常见于急性咽喉炎、支气管炎初期、胸膜炎；伴有痰液的湿性咳嗽常见于慢性支气管炎、支气管扩张、肺炎、肺脓肿及空洞型肺结核等疾病。须重视伴随症状，如伴有发热表示呼吸道和肺部有感染；伴有胸痛及呼吸困难常见于胸膜炎、肺炎、肺脓肿、气胸等；伴有紫绀常见于严重的心肺功能衰竭，如气胸等。

三、胸痛

是临床常见的羊呼吸系统疾病症状，最常见于肺炎、气胸、胸膜炎及胸膜粘连、气管及支气管炎等，也见于心肌炎、心包炎、胸壁及胸廓的伤病等。X 射线胸片检查可直观地发现与胸痛有关的肋骨、纵隔、主动脉、心、肺与胸膜的病变。

四、呼吸困难

是指病羊表现呼吸费力及呼吸频率、深度和节律异常。严重患羊可见鼻翼扇动、端坐呼吸、紫绀，辅助肌参与呼吸运动。引起呼吸困难的原因主要是呼吸系统和循环系统出现疾病，按照病因不同可将呼吸困难分为以下几种类型：

1. 肺源性呼吸困难　指病羊呼吸器官功能障碍，包括呼吸道、肺、胸膜及呼吸肌病变，引起肺通气、换气功能降低，使血中二氧化碳浓度增高，造成缺氧，刺激呼吸中枢引起。

2. 心源性呼吸困难　由循环系统疾病引起，主要见于左心或右心功能不全，致使机体大小循环淤血而引起。

3. 中毒性呼吸困难　包括内源性代谢紊乱与外源性中毒导致的呼吸困难，常见于妊娠毒血症、尿酮症、尿毒症等代谢性酸中毒，急性感染时血液中毒性代谢产物刺激呼吸中枢所致。

4. 血源性呼吸困难　主要是由血红蛋白减少及异常血红蛋白所致，如严重贫血、亚硝酸盐中毒等。

五、腹泻

是指排便次数增多及粪便中的水分含量增加，粪便稀薄或呈水样、不成形、带黏液脓血或未消化完全的饲草。急性腹泻病羊常见于急性肠道感染（包括病毒、细菌、真菌等感染）、细菌性饲料中毒、急性中毒、全身性感染（如败血症、钩端螺旋体病等）；慢性腹泻病羊常见于肠道感染性疾病（如慢性菌痢、慢性阿米巴痢疾、肠结核）、肠道非感染性炎症和肠道功能紊乱（如肠应激综合征）。

生产上，羊出现出血腹泻时，须观察并重视伴随症状，如腹泻伴随发热常见于感染性疾病（如羔羊痢疾、败血症、阿米巴痢疾）；腹泻伴随里急后重表示病变累及直肠，常见于急性菌痢、直肠炎症；腹泻伴随重度失水需考虑由沙门氏菌等细菌中毒引起的分泌性腹泻。

六、黄疸

是指血液中胆红素浓度升高，致使皮肤、黏膜、巩膜、体液及其他组织发生黄染的现象。常见于急性胆道感染性疾病、肝脏肿、钩端螺旋体病、败血症，以及各种原因的急性溶血、肝胆寄生虫、肝炎、胆囊炎症等。病羊临床表现为皮肤呈暗黄色，完全阻塞者颜色更深，严重者皮肤呈黄绿色，尿色深并呈豆油样，粪便颜色浅灰或呈白陶土色。

七、血尿

尿液中含有较多的红细胞时称为血尿。根据出血量的多少分为肉眼血尿及镜下血尿。常见于：①泌尿系统疾病，如肾结石、泌尿系统感染、肾小球肾炎、间质性肾炎等；②感染性疾病，如流行性出血热、钩端螺旋体病；③磺胺类、抗凝剂、汞剂等药物的副作用或毒性作用引起。出现血尿以泌尿系疾病最常见，占血尿的98%，其中又以泌尿系结石、结核、一般细菌感染及肾炎等较为多见。

八、水肿

过多的液体滞留在组织间隙中而出现肿胀，称为水肿。一般分为全身性水肿和局部性水肿。过多液体积聚在体腔内称为积液，如胸腔积液、腹腔积液，多为心力衰竭（出现胸水及腹水），各型肾炎和肾病（眼睑与颜面水肿），局部静脉、淋巴回流受阻或毛细血管通透性增高所致。

九、神经障碍

指羊表现运动失调，对周围环境的觉察和识别能力出现障碍，临床上多表现兴奋或沉郁、行走不稳、目光呆滞、意识模糊、角弓反张或休克，多由急性重症感染、脑炎、败血症、中毒、电解质和酸碱平衡紊乱等引起。

第三节　实验室诊断

一、实验室诊断内容分类

在兽医临床上，实验室诊断根据内容和方法大致分为一般检查、血液学检验、生化检查和病原学检测。

二、实验室一般检查

(一)尿常规检查

可采用尿液自动化分析仪进行检查,如干化学尿分析仪和尿沉渣分析仪等。

1. 一般性状

(1)多尿常见于肾炎、急性肾衰竭多尿期;尿量少或无尿常见于腹泻、呕吐、出血等引起的肾缺血、严重的肾衰竭等。

(2)血尿常见于泌尿系感染、急性肾小球肾炎及肾结石、结核等;脓尿常见于泌尿系统严重感染,如肾盂肾炎、膀胱炎等;血红蛋白尿主要见于溶血性疾病;胆红素尿仅见于阻塞性黄疸及肝细胞性黄疸等;乳糜尿主要见于丝虫病或肾周围淋巴管阻塞,如结核、胸腹部创伤、腹腔肿瘤等。

(3)尿液呈氨臭味常见于慢性膀胱炎和尿潴留,呈烂苹果味常见于尿酮症酸中毒,呈蒜臭味可能为有机磷中毒。

(4)尿液 pH 降低主要见于代谢性碱中毒、酸中毒、高热、痛风等情况;尿液 pH 增高常见于碱中毒、肾小管性酸中毒、膀胱炎、尿潴留等。

(5)尿比重增高常见于急性肾小球肾炎、高热、脱水等;尿比重降低常见于大量饮水、尿崩症、慢性肾小球肾炎、慢性肾衰竭等。

2. 化学性状

(1)蛋白尿　尿中蛋白质量异常在临床上意义很大。由于体外环境因素对机体的影响而导致的尿蛋白含量升高的称为生理性蛋白尿,因各种肾脏及肾外疾病所致的蛋白尿称为病理性蛋白尿。此外,当尿中混有大量血、脓、黏液等成分时,可导致尿蛋白定性试验为阳性,称为假性蛋白尿,常见于肾脏以下的泌尿道疾病,如膀胱炎、尿道炎、附睾炎等。

(2)尿糖　因体内代谢失调或进食过多、肾炎等因素导致血中糖浓度异常升高的称为尿糖。

（3）尿酮　尿酮常见于感染性疾病发热期、严重腹泻、呕吐、禁食、肝脏病变等导致的糖代谢障碍。

（4）尿三胆　尿三胆是指以尿中尿胆红素、尿胆原、尿胆素3种成分含量异常与否为诊断参考的检查指标，是临床上常用的检测项目。尿三胆检验对鉴别诊断溶血性黄疸、肝细胞性黄疸和阻塞性黄疸具有重要意义。

3. 显微镜检查

（1）尿沉渣检查　是对尿液离心沉淀物中有形成分的鉴定。尿沉渣镜检高倍视野中红细胞的数量超过 3 个，称为镜下血尿，常见于急性肾小球肾炎、慢性肾炎、急进性肾炎、肾结石、急性膀胱炎、肾结核、泌尿系统肿瘤等；尿沉渣镜检高倍视野中白细胞的数量超过 5 个，称为镜下脓尿，表示泌尿系统感染如膀胱炎、尿道炎、肾盂肾炎、肾结核。尿沉渣镜检有上皮细胞，说明泌尿系统有炎症。

（2）管型　是由蛋白质、细胞或碎片在肾小管、集合管中凝固而成的圆柱形蛋白聚体，出现肾病综合征、慢性肾炎和心力衰竭时增多。

4. 尿液微量蛋白检测

（1）尿清蛋白含量增加常见于肾小球疾病、肾小管间质疾病、肥胖、高脂血症等，是诊断早期糖尿病肾病较敏感的指标。

（2）尿转铁蛋白是肾脏病变早期诊断的重要指标。

（3）尿 α_1-微球蛋白见于肾小管炎症、中毒等。

（4）尿 IgG 常见于急性肾小球肾炎、系膜增生性肾小球肾炎等肾脏疾病的早期。

5. 尿酶检测

（1）尿 N-酰-β-D-氨基葡萄酐酶　升高主要反映肾小管损伤，常见于慢性肾小球肾炎、肾病综合征、间质性肾炎，以及缺血或中毒引起的肾小管坏死、间质性肾炎等。

（2）尿淀粉酶　尿液中出现尿淀粉酶常见于急性胰腺炎、胰腺囊肿、肺脏恶性肿瘤等。

6. 尿电解质检测

（1）尿钠　排出量减少主要见于呕吐、腹泻、糖尿病酮症酸中毒等，排出量增加见于急性肾小管坏死。

（2）尿钾　排出量减少常见于由各种原因引起的钾摄入量少、吸收不良或胃肠道丢失过多，如腹泻等；排出量增多常见于原发性醛固酮增多症、肾小管间质性疾病、糖尿病酮症酸中毒、肾小管酸中毒，以及使用药物（如乙酰唑胺）等。

（3）尿钙　排出量减少常见于甲状旁腺功能减退、慢性肾衰竭、慢性腹泻等；排出量增加常见于甲状旁腺功能亢进、多发性骨髓瘤或使用维生素 D 药物等。

7. 尿蛋白电泳　可用于判断蛋白尿组分的性质与分子质量范围，可以进行蛋白尿的选择性和非选择性分析，以此推测肾脏病变的部位。

8. 乳糜尿　是因从肠道吸收的乳糜液未经正常的淋巴道引流入血而逆流进入尿中所致，尿液呈乳白色混浊，如乳糜尿中含有较多的血液则称为乳糜血尿。乳糜尿常见于丝虫病，也可见于由结核、肿瘤等原因引起的肾周淋巴循环受阻、淋巴管阻塞。

（二）粪便检查

1. 一般性状

（1）颜色与性状　血便说明消化道出血；脓性及脓血便常见于肠道下段病变，如溃疡性结肠炎、菌痢、局限性肠炎、结肠或直肠肿瘤破溃；白陶土样便见于由各种原因引起的胆管阻塞；稀糊状便见于腹泻、饲料中毒；黏液便见于各类肠炎、细菌性痢疾等；便中有乳凝块常见于幼羊消化不良和腹泻。

（2）气味　粪便有恶臭味常见于慢性肠炎、结肠或直肠癌溃烂；粪便呈血腥臭味常见于肠道原虫感染、血吸虫感染等。

（3）异物　便中可见虫体说明羊被寄生虫感染，便中有结石常见于胆结石、胃结石等疾病。

2. 显微镜检查

（1）细胞　白细胞在正常粪便中偶见，肠道出现炎症时增多；发生细菌性痢疾时，可见大量白细胞、脓细胞；发生肠道寄生虫病、过敏性肠炎时，可见较多嗜酸性粒细胞。正常粪便中无红细胞，当下消化道出血、溃疡性结肠炎、痢疾、结肠和直肠破溃时，粪便中可见到红细胞。粪便中有巨噬细胞常见于细菌性痢疾和溃疡性结肠炎。

（2）寄生虫　肠道寄生虫病诊断，主要是从粪便中是否检查出病原体来判断。

3. 粪便隐血试验　隐血是指消化道少量出血，红细胞被消化破坏，肉眼和显微镜均不能证实出血的情况。隐血试验对消化道出血诊断和鉴别诊断有一定意义，如发生消化道恶性肿瘤、消化性溃疡、急性胃黏膜病变、肠结核、肠道寄生虫病等都可引起消化道出血。

4. 细菌学检测　主要通过粪便直接涂片镜检和细菌培养来检测肠道致病菌。

三、血液学检验

应用最普遍的就是血常规检验，可应用血细胞分析仪检验，常检查红细胞、血红蛋白、白细胞、血小板、红细胞沉降率、血细胞比容等。

四、生化检查

生化检查是实验诊断学的重要组成部分，其内容主要包括：①发生疾病时相关物质的生物化学改变，如糖、脂蛋白、电解质代谢紊乱等；②疾病所致器官和组织损伤的生物化学改变，如内分泌腺、心肌损伤相关的生物学改变及代谢紊乱等；③临床酶学等。

五、病原学检测

（一）检测内容

根据病原体种类可分为细菌检测、病毒检测、其他微生物检测和寄生虫检测；根据检测内容和检测手段可分为显微镜检查、病原体分离培养和鉴定、病原体特异性抗原检查、血清特异性抗体检测、病原体核酸分子检测五大类。

（二）主要检测方法

1. 细菌检测方法　主要有五个方面：①标本直接涂片镜检；②抗原或抗体检测；③通过病原菌核酸分子检测，如 PCR 方法、DNA 探针杂交等；④分离培养、生化鉴定；⑤实验动物接种。

2. 病毒检测方法　常用的有：①病毒抗原或血清特异性抗体检测方法，如免疫荧光标记技术、化学发光技术、免疫酶技术等；②病毒核酸分子检测与溯源分析，如实时定量 PCR 方法、系统树分析；③细胞分离培养与鉴定；④动物试验。

3. 其他病原微生物检测

（1）支原体　除了血清学方法、PCR 方法之外，分离培养是确诊指标，直接镜检无临床诊断价值。

（2）衣原体　直接镜检细胞质内的典型包含体对衣原体感染诊断有参考价值，目前应用较多的还有荧光标记技术、PCR 技术和 DNA 探针技术。

（3）螺旋体　将标本置于暗视野显微镜下检查到运动活泼、具有特殊形态的螺旋体具有诊断价值。抗原抗体试验已广泛应用于临床检测，PCR 技术可用于快速诊断。

（4）真菌　包括直接镜检、培养、免疫学试验、动物试验，以及 PCR 和 DNA 探针技术新型技术。

4. 寄生虫

（1）粪便检查　寄生虫病是羊生前诊断的一个重要手段。例如，羊患蠕虫病后，其排出的粪便中有蠕虫的卵、幼虫、虫体及其断片，某些原虫的卵囊、包囊也可通过粪便排出。用粪便进行虫卵检查时，常用的方法有直接涂片法、漂浮法、沉淀法。

（2）虫体检查　以蠕虫检查为例，将一定量的羊粪盛于盆内，加入约 10 倍量的生理盐水，搅拌均匀，静置沉淀 10～20 分钟后弃去上清液，再于沉淀物中重新加入生理盐水，如此反复

2～3次，最后取沉淀物于黑色背景上，用放大镜寻找虫体。如粪中混有绦虫节片，可直接用肉眼观察到如米粒样的白色孕卵节片，有的还能蠕动。

第四节　器械检查

兽医临床上，可借助仪器进行检查，包括 B 超探查、X 射线诊断等。

一、B 超探查

超声检查是指运用超声波的特性和动物机体组织对超声波的反射原理，对动物机体组织的形态结构、物理特性、功能状态及病变情况作出诊断的一种检查方法。其主要临床应用范围有：①检测实质性脏器及病变的大小、形态、物理特性；②检测某些囊性器官的形态、大小、走向、位置及功能状态；③检测心脏、大血管及外周血管内径的大小、形态、解剖结构、血流动力学和功能状态；④鉴定各种脏器内的占位性病变的大小、形态、物理性质及有无转移；⑤探查各种积液存在与否并大致估计积液量的多少；⑥观察经药物或手术治疗后各种病变的变化情况，引导穿刺抽液、活检。

二、普通 X 射线检查

分为透视检查和照片检查两种。

1. 透视检查　须在暗室内进行，透视前检查人员应做好暗适应。若采用影像增强电视系统，则可在亮室进行。主要适用于胸部、四肢、消化道等组织器官的检查。

2. X 射线照片检查　优点是影像清晰，利于复查对比，细小病变不易漏诊，应用范围广泛。缺点是操作较复杂，不能观察器官的运动功能，每一张照片仅是一个方位和一瞬间的影像，且费用较高。

第二章 羊场消毒

第一节 预防性消毒和紧急消毒

一、预防性消毒

预防性消毒也称之为日常性消毒，是羊场日常生产中必须进行的一项工作，包括环境消毒、人员消毒、圈舍消毒、带羊消毒、用具消毒及运输工具消毒等。

1. 环境消毒 羊场周围及场内污水池、粪收集池、下水道出口等设施每月应消毒1次。大门口应设消毒池，消毒池长4.5米以上、深20厘米以上。在消毒池上方最好建顶棚，防止日晒雨淋，每半个月更换消毒液1次。羊舍周围环境每半个月消毒1次。如果为全舍饲养殖，则在羊舍入口处设长度为1.5米以上、深度为20厘米以上的消毒槽，每半月更换1次消毒液；如果为放牧＋舍饲的养殖方式，则羊舍入口可不设消毒槽。羊舍内每半月消毒1次。

2. 人员消毒 工作服和鞋、帽应定期清洗、更换，清洗后的工作服晒干后应用消毒药剂熏蒸消毒20分钟，工作服不准穿出生产区。工作人员的手用肥皂洗净后浸于消毒液，如0.2%柠檬酸、洗必泰或新洁尔灭等溶液内3～5分钟，清水冲洗后抹干，然后穿上生产区的水鞋或其他专用鞋，通过脚踏消毒池或经紫外线照射5～10分钟进入生产区。

3. 圈舍消毒 圈舍的全面消毒通常按羊群排空、清扫、洗净、干燥、消毒、干燥、再消毒顺序进行。

在羊群出栏后，圈舍要先用3%～5%氢氧化钠溶液或常规消毒液进行1次喷洒消毒，可加杀虫剂。然后对排风扇、通风口、天花板、横梁、吊架、墙壁等进行清扫，将所有垫料、粪肥、污物集中处理。经过清扫后，用喷雾器或高压水枪由上到下、由内向外冲洗干净。圈舍经彻底洗净、干燥，再经过必要的检修维护后即可进行消毒。

4. 带羊消毒 实际上也是圈舍消毒的一种，关键是要选用杀菌（毒）作用强而对羊群无害，对塑料、金属器具腐蚀性小的消毒药。常可选用 0.3％过氧乙酸、0.1％次氯酸钠、枸橼酸粉、菌毒敌、百毒杀等。

5. 用具及运输工具消毒 羊场内使用的工具和出入圈舍的车辆应定期严格消毒，可采用紫外线照射或消毒药喷洒消毒，然后用 40％福尔马林溶液熏蒸消毒 30 分钟以上。

二、紧急消毒

紧急消毒是在羊群发生传染病或受到传染病威胁时采取的预防消毒措施。具体方法是应首先对圈舍内外消毒后再进行清理和清洗，将羊舍内的污物、粪便、垫料、剩料等各种污物清理干净，并作无害化处理。所有病死羊只、被扑杀的羊只及其产品、排泄物，以及被污染或可能被污染的垫料、饲料、其他物品都应当进行无害化处理。

第二节　消毒药物的选择

羊场常用消毒药的使用范围及方法如下：

1. 氢氧化钠（烧碱、火碱、苛性钠） 对细菌和病毒均有强大的杀灭力，对细菌芽孢、寄生虫卵也有杀灭作用，常用 2％～3％溶液消毒出入口、运输用具、料槽等。但对金属、油漆物品均有腐蚀性，用具消毒后要用清水冲洗干净。

2. 石灰乳 先用生石灰与水按 1：1 制成熟石灰后再用水配成 10％～20％的混悬液用于圈舍墙壁、畜栏和地面的消毒。该消毒剂对大多数繁殖型病菌有效，但对芽孢无效。

3. 过氧乙酸 市场出售的为 20% 溶液，有效期半年，杀菌速度快、效果好，对细菌、病毒、霉菌和芽孢均有效。宜现配现用，常用 0.3%～0.5% 浓度作喷洒消毒。

4. 次氯酸钠 常用 0.3% 浓度作羊舍和器具消毒。宜现配现用。

5. 漂白粉 可用 5%～20% 混悬液对厩舍、饲槽、车辆等喷洒消毒，也可用干粉末撒地消毒。用于饮水消毒时，每 100 千克水加 1 克漂白粉，30 分钟后羊即可饮用。

6. 强力消毒灵 是目前效果最好的杀毒灭菌药。强力、广谱、速效，对人畜无害，无刺激性与腐蚀性，可带羊消毒。0.05%～0.1% 浓度在 5～10 分钟内可将病毒和支原体杀灭。

7. 新洁尔灭 刺激性小、毒性低，消毒效果温和，可用 0.1% 浓度消毒手，或浸泡 5 分钟消毒皮肤、手术器械等用具，0.01%～0.05% 溶液用于黏膜（子宫、膀胱等）及深部伤口的冲洗。忌与肥皂、碘、高锰酸钾、碱等配合使用。

8. 百毒杀 本品低浓度杀菌，效力可持续 7 天，无色、无味、无刺激和无腐蚀性。通常配制成 0.03% 或相应的浓度，用于圈舍、环境、用具的消毒。

9. 粗制福尔马林 通常为含 37%～40% 甲醛的水溶液，有广谱杀菌作用，对细菌、真菌、病毒和芽孢等均有效，在有机物存在的情况下也具有良好的消毒作用；缺点是具有刺激性气味，对羊群和人的影响较大。常以 2%～5% 的水溶液喷洒墙壁、羊舍地面、料槽及用具消毒；也用于羊舍熏蒸消毒，每立方米用 40% 福尔马林溶液 30 毫升、高锰酸钾 15 克，在室温不低于 15℃、相对湿度为 70% 的条件下，密封熏蒸 12～24 小时。消毒完毕后打开门窗，除去气味即可。

第三章　羊场常用疫苗及驱虫

第一节　羊场常用疫苗及其免疫程序

定期做好疫苗接种是控制羊病流行的重要举措，羊场常用疫苗及其免疫程序如下。

一、口蹄疫疫苗

每年春、秋季节各免疫 1 次，注射后 15 日产生免疫力，免疫期为 6 个月。

二、羊痘鸡胚弱毒疫苗

用于预防山羊、绵羊痘病。用生理盐水 25 倍稀释，每只羊皮内注射 0.5 毫升，注射后 6 天可产生免疫力，免疫期为 1 年。

三、羊梭菌病四联氢氧化铝菌疫苗

用于预防羊快疫、羊猝狙、肠毒血症、羔羊痢疾。肌内或皮下注射 5 毫升，免疫期 6 个月。

四、羊口疮弱毒细胞冻干疫苗

用于预防绵羊、山羊口疮病。按每瓶总头份计算，每头份加生理盐水 0.2 毫升，在阴凉处充分摇匀，每只羊口唇黏膜内注射 0.2 毫升，免疫期 5 个月。

五、羊传染性胸膜肺炎疫苗

用于预防由肺炎支原体引起的山羊、绵羊传染性胸膜肺炎。

颈部皮下注射，成年羊 3 毫升/只，6 月以内的羊 2 毫升/只，免疫期 1.5 年。

六、Ⅱ号炭疽芽孢疫苗

用于预防绵羊、山羊炭疽病，皮下注射 1 毫升，注射后 14 天可产生抗体，免疫期为 1 年。

七、布鲁氏菌羊型 5 号弱毒冻干疫苗

用于预防山羊、绵羊布鲁氏菌病。皮下或肌内注射 10 亿个活菌；室内气雾，每立方米 50 亿个活菌；羊饮用或灌服时每只羊剂量为 250 亿个活菌，免疫期为 1.5 年。

八、破伤风抗毒素疫苗

用于预防和治疗绵羊、山羊破伤风病。皮下或静脉注射，治疗剂量加倍，预防剂量 1 万～2 万单位，免疫期 2～3 周。

九、羊快疫猝疽肠毒血症三联菌疫苗

用于预防羊快疫、羊猝疽、肠毒血症。用前每头份杆菌用 1 毫升、20％氢氧化铝胶盐水稀释，肌内或皮下注射 1 毫升，免疫期 1 年。

十、羊流产衣原体油佐剂卵黄囊灭活疫苗

用于预防羊衣原体性流产。在母羊怀孕前后 1 个月内每只皮下注射 3 毫升，免疫期 1 年。

十一、羊狂犬病疫苗

用于预防羊狂犬病，根据说明书皮下注射。若羊已被咬伤可立即用本苗注射 1～2 次，间隔 3～5 天，免疫期 1 年。

十二、羊链球菌氢氧化铝菌疫苗

预防绵羊、山羊链球菌病。背部皮下注射，6 月龄以上羊每只 5 毫升、6 月龄以下羊每只 3 毫升、3 月龄以下羔羊第一次注射后最好到 6 个月龄后再注射 1 次，以增强免疫力，免疫期 6 个月。

十三、羊伪狂犬病疫苗

用于预防羊伪狂犬病。山羊颈部皮下注射 5 毫升，免疫期 6 个月。

十四、羔羊痢疾灭活菌疫苗

用于预防羔羊痢疾。怀孕母羊在分娩前 1 个月皮下注射 2 毫升，分娩前 10 天皮下注射 3 毫升，母羊免疫期 5 个月，乳汁可使羔羊获得被动免疫力。如果本羊场（户）发生过或正在流行某种疾病，可以考虑在配种前或产前加强免疫，以提高羔羊的抵抗力。

第二节 驱 虫

一、羊疥螨病

1. 伊维菌素（或害获灭、阿维菌素、虫克星） 有针剂、片剂、粉剂、胶囊剂等剂型。0.2 毫克/千克（以体重计），一次口服或皮下注射、拌料喂服。也可添加 2 毫克/千克（以饲粮计），连喂 1 周；或添加 1 毫克/千克（以饲粮计），连喂 2 周。泌乳羊禁用，羊宰前 28 天停用本药。

2. 拟除虫菊酯类杀虫药 目前在兽医临床上应用比较多的是 2.5％敌杀死（溴氰菊酯）乳油剂，用水按 250～500 倍稀释；20％杀灭菌酯（氰戊菊酯）乳油，用丙酮按 3 000～5 000 倍稀释；10％二氯苯醚菊酯（氯菊酯）乳油 1 000～2 500 倍稀释，喷淋、药浴或局部涂擦均可。

3. 0.05％辛硫磷、0.015％～0.02％巴胺磷水乳液 喷淋、药浴或局部涂擦均可。防治羊疥螨病时，还应做到：①在羊体第1次用药后，间隔7～10天再用药1次。②在用药治疗病羊时，必须使用杀虫药喷洒圈舍、运动场地面、墙壁和饲槽、饮水槽等用具，每周1次，连用2～3次。③搞好环境卫生，保持圈舍干燥、通风良好、光照充足，防止饲养密度过大。发现病羊，及时隔离治疗，防止传播疾病。引进羊时要隔离观察，证明无疥螨病时再合群，防止带入病原体。

二、羊硬蜱病

1. 杀灭羊体上的硬蜱

（1）手工器械法灭蜱 可用手或器械拔除羊体上的蜱，或将凡士林、石蜡油等涂于蜱寄生部位，使其窒息后拔除并立即杀灭。

（2）化学药物灭蜱 用2.5％敌杀死乳油250～500倍水稀释，或20％杀灭菊酯乳油2 000～3 000倍水稀释，或1％敌百虫喷淋、药浴、涂擦羊体灭蜱；或用伊维菌素或阿维菌素，0.2毫克/千克（以体重计）皮下注射，对各发育阶段的蜱均有良好杀灭效果，间隔15天左右再用药1次。

2. 消灭羊舍和运动场中及自然界的蜱 可用上述杀虫药液或1％～2％马拉硫磷或辛硫磷喷洒羊舍、柱栏、墙壁和运动场以灭蜱；另外，硬蜱一年不吸血便死亡，所以一年更换一个放牧地点可灭蜱。

三、羊泰勒虫病

1. 贝尼尔（三氮脒、血虫净） 5～6毫克/千克（以体重计），臀部深层肌内多点注射。轻症注射1次后隔3天再注射1次即可痊愈，重症隔天注射1次，连用3次。

2. 磷酸伯氨喹啉 0.12～0.15毫升/千克（以体重计）肌内

注射，或 0.75 毫克/千克（以体重计）灌服。每天 1 次，连用 2～3 次。

四、羊巴贝斯虫病

1. 贝尼尔（血虫净、三氮脒） 3.5～3.8 毫克/千克（以体重计）配成 5％水溶液深部肌内注射。1～2 天 1 次，连用 2～3 次。

2. 阿卡普啉（硫酸喹啉脲） 0.6～1 毫克/千克（以体重计）配成 5％水溶液，分 2～3 次间隔数小时皮下或肌内注射，连用 2～3 天效果更好。

3. 咪唑苯脲 1～2 毫克/千克（以体重计）配成 10％水溶液，1 次皮下注射或肌内注射。每天 1 次，连用 2 天。

4. 黄色素 3～4 毫克/千克（以体重计）配成 0.5％～1％水溶液，1 次静脉注射。每天 1 次，连用 2 天。

五、羊片形吸虫病

预防性和治疗性驱除羊片形吸虫，选用下列药物之一均可。

1. 芬苯哒唑（苯硫咪唑） 50～60 毫克/千克（以体重计），1 次喂服，即可杀灭各发育阶段的片形吸虫。

2. 三氯苯咪唑（肝蛭净） 10 毫克/千克（以体重计），1 次喂服，对成虫和童虫均有良效。

3. 溴酚磷（蛭得净） 12 毫克/千克（以体重计），1 次喂服，对成虫和童虫均有效。

4. 阿苯哒唑（抗蠕敏） 20 毫克/千克（以体重计），1 次喂服，对成虫有效，对童虫效果较差。

5. 硝氯酚（拜耳 9015） 4～5 毫克/千克（以体重计），1 次喂服，对早期童虫效果较差。

6. 氯氰碘柳胺钠 片剂或混悬液，8～10 毫克/千克（以体重计），1 次喂服；注射液，5～10 毫克，1 次皮下或肌内注射。

六、羊脑多头蚴病（脑包虫病）

药物治疗可用吡喹酮，50 毫克/千克（以体重计）内服，每天 1 次，连用 5 天；或 70 毫克/千克（以体重计）内服，每天 1 次，连用 3 天；也可用丙硫咪唑，30 毫克/千克（以体重计）内服，每天 1 次，连用 3 天。

七、羊棘球蚴病（包虫病）

治疗棘球蚴病应在早期诊断的基础上尽早用药，方可取得较好效果。绵羊棘球蚴病可用丙硫咪唑治疗，90 毫克/千克（以体重计），连服 2 次，对原头蚴的杀虫率为 82%～100%。吡喹酮也有较好的疗效，25～30 毫克/千克（以体重计），每天服 1 次，连用 5 天。

八、羊绦虫病

1. 芬苯哒唑（苯硫咪唑） 10 毫克/千克（以体重计），1 次内服。

2. 阿苯哒唑 10～20 毫克/千克（以体重计），1 次内服。

3. 吡喹酮 8～10 毫克/千克（以体重计），1 次内服。

4. 硫双二氯酚 100 毫克/千克（以体重计），1 次内服。

5. 氯硝柳胺（灭绦灵） 70～100 毫克/千克（以体重计），1 次内服。

九、羊消化道线虫病

1. 左咪唑 8～10 毫克/千克（以体重计），1 次内服或肌内注射。

2. 伊维菌素或阿维菌素 0.2 毫克/千克（以体重计），1 次皮下注射或内服。

3. 阿苯咪唑 10～15 毫克/千克（以体重计），1 次内服。

第四章 几种羊场常见疾病的诊治

第一节 羊小反刍兽疫

羊小反刍兽疫是由小反刍兽疫病毒引起的羊的一种急性、烈性、接触性传染病，主要感染山羊、绵羊，临床症状以发热、口炎、腹泻、肺炎为特征，被列为必须上报的一类动物疫病。

一、病原与发病特点

小反刍兽疫病毒（Peste dos petits ruminants，PPRV）属于副黏病毒科、麻疹病毒属。只有 1 个血清型，根据基因组序列差异可将其分为 4 个群。病毒颗粒呈多形性，多为圆形或椭圆形。PPRV 可以在绵羊或山羊胎肾、犊牛肾、人羊膜和猴肾的原代或传代细胞上生长繁殖，也可以在 MDBK、BHK-21 等细胞株（系）上繁殖并产生细胞病变。PPRV 对酒精、乙醚和一些去垢剂敏感，乙醚在 4℃下 12 小时可将其灭活。大多数化学消毒剂，如酚类、2% NaOH 等作用 24 小时可以灭活该病毒。病毒颗粒在 pH 5.85～9.5 稳定，在 pH 4.0 以下或 pH 11.0 以上很快就被灭活。

该病传染源主要为患病羊和隐性感染羊，处于亚临床型的病羊尤其危险，其分泌物和排泄物均可传播本病。PPRV 主要以直接、间接接触方式传播，呼吸道为主要感染途径，也可经受精及胚胎移植传播，通常山羊比绵羊更易感。本病在多雨季节和干燥寒冷季节多发。剖检可见结膜炎、坏死性口炎和肺炎（图 4-1）等病变；皱胃常出现病变，而瘤胃、网胃、瓣胃很少出现病变，病变部常出现有规则、带轮廓的糜烂，创面红色、出血。肠糜烂或出血，尤其在结肠、直肠结合处呈特征性线状出血或斑马样条纹（图4-2）。淋巴结肿大。脾有坏死性病变。在鼻甲、喉、气管等处有出血斑。

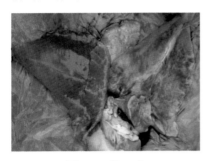

图 4-1 肺 炎　　　图 4-2 结肠、直肠结合处斑马样条纹

二、症状

小反刍兽疫潜伏期为4～5天，最长21天，急性型体温可上升至41℃，持续3～5天。感染羊烦躁不安，背毛无光，口、鼻干燥，食欲减退，流黏液脓性鼻漏（图4-3），呼出恶臭气体。口腔黏膜充血（图4-4），颊黏膜广泛性损害，导致多涎（图4-5），随后出现坏死性病灶，口腔黏膜出现小的、粗糙的红色浅表坏死病灶，以后变成粉红色，感染部位包括下唇、下齿龈等。严重病例可见坏死病灶波及齿垫、腭、颊部及其乳头、舌头等处。后期

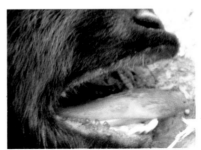

图 4-3 流脓性鼻液　　　图 4-4 口腔黏膜充血

出现带血水样腹泻（图4-6），严重脱水，消瘦，随之体温下降，出现咳嗽、呼吸异常。首次发病发病率高达100%，在严重暴发时死亡率为100%，在轻度发生时死亡率不超过50%。较小年龄的羊发病率和死亡率都相对较高。

图4-5　流　涎　　　　　　图4-6　腹　泻

三、诊断

根据流行病学、临床症状、病理变化和组织学特征可做出初步诊断，结合病毒分离培养、病毒中和试验、酶联免疫吸附试验和RT-PCR分子检测技术可确诊。由于该病的主要特点是咳嗽、腹泻和高死亡率，因此要和相似症状的疾病，如羊蓝舌病、羊急性消化道感染、羊巴氏杆菌病等作出鉴别诊断。

四、预防

平时的防控应采取包括消毒在内的综合性生物安全措施，使用弱毒疫苗进行免疫预防接种。一旦发病应严密封锁疫区，隔离消毒，扑杀患羊，严格按照《国家突发重大动物疫情应急预案》进行处置。

第二节　羊结核病

羊结核病是由结核分枝杆菌引起的一种慢性、人兽共患性传染病，其主要特征是在多种组织器官形成肉芽肿和干酪样、钙化结节病变。

一、病原与发病特点

本病是由分枝杆菌属的 3 个种（结核分枝杆菌、牛分枝杆菌和禽分枝杆菌）引起，这 3 种分枝杆菌，统称为结核杆菌。

病羊肝脏表面聚集黄色或白色结节性脓肿（图 4-7），喉头和气管黏膜偶见溃疡。偶见心包膜内有大小不等的结节，内含有豆渣样的内容物。肺脏表面有大小不等的脓肿，或者聚集成片的小结节（图 4-8）。

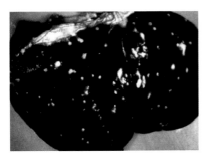
图 4-7　肝脏表面结核结节
（丁伯良等，2004）

图 4-8　肺脏切面白色结节
（丁伯良等，2004）

二、症状

患病后期山羊皮毛干燥，食欲减退，精神不振，全身消瘦。偶流出黄色黏稠鼻涕，甚至含有血丝。湿性咳嗽，肺部听诊有明显的湿啰音。有的病羊淋巴结发硬、肿大，乳房有结节状溃疡。

三、诊断

在羊群中发现进行性消瘦、咳嗽、慢性乳房炎、顽固性下痢及体表淋巴结肿胀等临床症状时，可作为初步诊断。OIE（世界动物卫生组织）推荐的诊断方法为结核菌素试验。本病在临床症状上应与慢性型支原体肺炎和慢性型巴氏杆菌病进行鉴别诊断。

四、防治

对新引进的羊群做结核菌素试验，待隔离观察没有问题后再放入大群或者正常羊圈舍中饲养。坚决杜绝输入性发病。治疗药物有利福平、乙胺丁醇、异烟肼、链霉素等。

第三节　羊链球菌病

本病是由链球菌引起的一种急性、热性、败血性传染病，也称羊败血性链球菌病，临床以咽喉部及下颌淋巴结肿胀、大叶性肺炎、呼吸异常困难、出血性败血症、胆囊肿大为特征。

一、病原与发病特点

羊链球菌属于链球菌科、链球菌属、马链球菌兽疫亚种，呈圆形或卵圆形，革兰氏染色阳性。有荚膜，无鞭毛，不运动，不形成芽孢。羊链球菌对外环境的抵抗力较强，对一般消毒药的抵抗力弱，常用的消毒药，如 2％石炭酸、2％来苏儿及 0.5％漂白粉对其都有很好的消毒效果。

病羊和带菌羊是本病的主要传染源。羊链球菌主要经呼吸道或损伤皮肤传播，主要发生于绵羊，山羊次之。新疫区常呈流行性发生，老疫区则呈地方性流行或散发性流行。本病在冬、春季节多发，死亡率达 80％以上。病理变化主要以败血性症状为主。各脏器广泛出血，尤以膜性组织（大网膜、胸膜、腹膜、肠系膜等）最为明显；肠系膜淋巴结肿大（图 4-9）；咽喉部黏膜高度水肿、出血，扁桃体水肿；上呼吸道卡他性炎，气管黏膜出血；肺实质出血，呈大叶性肺炎（图 4-10）胸腔内有黏性渗出物；肝脏肿大，表面有出血点；胆囊肿大，胆汁外渗；肾脏质地变脆、肿胀，被膜不易剥离。

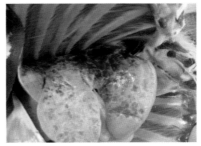

图 4-9 肠系膜淋巴结肿大　　　　图 4-10 大叶性肺炎

二、症状

　　病羊体温升高到 41℃，精神沉郁，食欲废绝，反刍停止，流涎，呼吸困难，弓背，不愿走动。最急性型病羊没有明显临床症状，多在 24 小时内死亡。急性型病羊眼睑、面颊（图 4-11）及乳房等部位肿胀；咽喉肿胀，下颌淋巴结肿大；病羊死前有磨牙、抽搐等神经症状，病程 1～3 天。亚急性型病羊体温升高，食欲减退，不愿走动，呼吸困难，咳嗽，流透明鼻液（图 4-12），病程 7～14 天。慢性型病羊一般轻度发热，消瘦，食欲减退，步态僵硬，有些病羊出现关节炎或关节肿大（图 4-13），病程 1 个月左右。

图 4-11 面颊肿胀　　　　　　图 4-12 流透明鼻液

27

图 4-13　关节肿大

三、诊断

本病诊断可结合流行病学资料和咽喉肿胀、下颌淋巴结肿大、呼吸困难等症状。剖检见到全身败血性变化，各脏器浆膜面常覆有黏稠、丝状的纤维素样物质等变化可初步进行诊断。实验室诊断为细菌镜检、分离鉴定、动物接种试验和聚合酶链反应。羊链球菌病与羊巴氏杆菌病、羊快疫等疾病在临床表现和病理变化上有很多相似之处，应进行鉴别。本病在临床症状上应与败血型巴氏杆菌进行鉴别诊断。

四、防治

加强饲养管理，不从疫区购进羊、羊肉、皮毛等；在每年发病季节到来前，及时对羊进行疫苗预防接种；对发病羊尽早进行治疗；被污染的围栏、场地、用具、圈舍等用 20％石灰乳、3％来苏儿等彻底消毒；病死羊进行无害化处理。早期治疗可选用磺胺类药物，重症羊可先肌内注射尼可刹米，以缓解呼吸困难，再用盐酸林可霉素、特效先锋等抗菌药物，同时加入维生素 C、地塞米松。对于局部出现脓肿的病羊可将脓肿切开，清除脓汁，然后清洗、消毒，涂抹抗生素软膏。

第四节　羊传染性胸膜肺炎

羊传染性胸膜肺炎是由多种支原体引起的一种高度接触性羊传染病，以高热、咳嗽、肺和胸膜发生浆液性或纤维素性炎症为特征，呈急性或慢性经过，病死率较高。

一、病原与发病特点

引起羊支原体肺炎的病原体包括丝状支原体山羊亚种、丝状支原体丝状亚种、山羊支原体山羊肺炎亚种和绵羊肺炎支原体。属于柔膜体纲、支原体目、支原体科、支原体属。呈多形性、球杆状或丝状。革兰氏染色阴性，姬姆萨染色多呈蓝紫色或淡蓝色。该类菌对理化因素的抵抗力不强，56℃条件下40分钟能被杀灭。

本病可感染山羊和绵羊，山羊支原体山羊肺炎亚种只感染山羊，绵羊肺炎支原体可同时感染绵羊和山羊。本病常呈地方流行性，在冬、春枯草季节，羊只消瘦、营养缺乏，以及寒冷潮湿、羊群拥挤等是该病的诱发因素。

部检病变可见一侧肺发生明显的浸润和肝样病变。肺呈红灰色，切面呈大理石样，肺小叶间质增宽，界线明显。胸膜变厚，表面粗糙不平，与肺发生粘连（图4-14），支气管干酪样渗出。有的病例中肺膜、胸膜和心包三者发生粘连。胸腔积有多量黄色胸水（图4-15）。

图 4-14　肺脏与胸腔粘连

图 4-15　积　水

二、症状

根据病程分为最急性型、急性型和慢性型 3 种型。最急性型病羊体温升高达 41～42℃，呼吸急促，有痛苦的叫声，咳嗽并流浆液带血鼻液，卧地不起，四肢伸直；黏膜高度充血，发绀；目光呆滞，不久窒息死亡。病程一般不超过 5 天，有的仅持续 12～24 小时。急性型病羊初期体温升高，随之出现短而湿的咳嗽，并流浆性鼻液。按压胸壁表现敏感，疼痛，高热稽留不退，食欲锐减，呼吸困难和痛苦呻吟，眼睑肿胀，流泪或流黏液、脓性分泌物。怀孕母羊大批（70%～80%）流产。病期多为 7～15 天，有的可达 1 个月左右。慢性型

图 4-16　病羊极度消瘦

常见于夏季，病羊全身症状轻微，体温 40℃ 左右，有咳嗽和腹泻，鼻涕时有时无，身体衰弱，被毛粗乱、无光，极度消瘦（图 4-16）。

三、诊断

根据流行特点、临床表现和病理变化等可作出初步诊断。但应与羊巴氏杆菌相区别，可对病料进行细菌学检查鉴别诊断。

四、防治

主要有：①防止引入病羊和带菌羊；②新引进羊只必须隔离检疫 1 个月以上，确认健康后方可混入大群；③使用疫苗进行免疫接种；④本菌对红霉素、四环素、泰乐菌素敏感；⑤对病羊、可疑病羊和假定健康羊分群隔离和治疗；⑥对被污染的羊舍、场地、用具和病羊的尸体、粪便等，进行彻底消毒或作无害化处理。

第五节　羊布鲁氏菌病

羊布鲁氏菌病是由布鲁氏菌引起的人兽共患传染病，其临床特征是羊生殖器官和胎膜发炎，并引起流产、不育和各种组织的局部性病灶。

一、病原与发病特点

布鲁氏菌为革兰氏阴性菌，呈小球形或短杆形，姬姆萨染色呈紫色。对外界环境的抵抗力较强，但 1‰～3‰石炭酸、2‰苛性钠溶液 1 小时、5‰新鲜石灰乳 2 小时、1‰～2‰甲醛 3 小时、0.01‰新洁尔灭 5 分钟内即可将其杀死。

本病的主要传播途径是消化道，也可经气溶胶传播。人患该病与职业有密切关系。本病一年四季均可发生，但以产仔季节为主。

二、症状

怀孕绵羊及山羊常在妊娠后第 3～4 个月流产，常见羊水浑浊（图 4-17），胎衣滞留。流产后排出污灰色或棕红色分泌液，有时恶臭。早期流产的胎儿常在产前已死亡；发育比较完全的胎儿，产出时可存活但衰弱，不久后死亡。公羊发病有时可见阴茎潮红、肿胀，常见单侧睾丸肿大，触之坚硬（图 4-18）。临床症状有时可见关节炎，母羊有时有乳房炎的轻微症状。

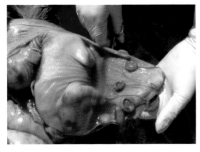

图 4-17　胎盘子叶出血，羊水浑浊　　　图 4-18　公羊单侧睾丸肿大

三、诊断

结合流行病学资料、怀孕母羊流产、胎儿胎衣病理变化、胎衣滞留及不育等症状，可对本病进行初步诊断。通过虎红平板凝集试验、试管凝集试验、胶体金检测纸条、抗球蛋白试验、ELISA、荧光抗体法、DNA 探针，以及病原特异性目的基因 PCR 等实验室诊断可确诊。该病的症状与钩端螺旋体病、衣原体病、沙门氏菌病等相似，应进行鉴别诊断。

四、防治

本病有疫苗可以使用。建议当羊群的感染率低于 3％时通过扑杀的方式进行净化，当高于 5％时使用疫苗免疫进行控制。治疗药物有复方新诺明和链霉素，由于布鲁氏菌是兼性细胞内寄生菌，因此通过药物治疗不彻底。本病发生时应采取淘汰、扑杀等措施在内的综合性生物安全措施。

第六节 羊 痘

羊痘是由羊痘病毒引起的绵羊或山羊的一种急性、热性、接触性传染病，以体表无毛或少毛处皮肤和黏膜发生痘疹为特征，被列为必须上报的一类动物疫病。

一、病原与发病特点

绵羊痘病毒和山羊痘病毒均属痘病毒科，病毒颗粒呈椭圆形或砖形，大小为 167 纳米×292 纳米。表面有短管状物覆盖，病毒核心两面凹陷呈盘状。羊痘病毒对干燥具有较强的抵抗力，干燥痂皮内的病毒可以活存 3～6 个月；但对热的抵抗力较低，55℃条件下 30 分钟可被灭活。与许多其他痘病毒不同，羊痘病毒易被 20％的乙醚或氯仿灭活，对胰蛋白酶和去氧胆酸盐敏感，2％石炭酸和甲醛均可被灭活。

二、症状

感染的病羊和带毒羊是传染源，主要通过呼吸道感染，其次是消化道。绵羊痘病毒主要感染绵羊，山羊痘病毒主要感染山羊，偶见感染绵羊的报道。本病一年四季均可发生，但一般在冬末春初流行。

剖检可见皮肤和口腔黏膜的痘疹，鼻腔、喉头、气管（图4-19）、前胃和皱胃黏膜有大小不等的圆形痘疹，肺脏痘疹病变主要位于膈叶，其次为心叶和尖叶（图4-20）。镜检痘疹部主要病变是皮肤真皮浆液性炎症，充血、水肿，中性粒细胞和淋巴细胞浸润。表皮细胞轻度肿胀，大量增生，水泡变性，表皮层明显增厚，并向外突出。表皮细胞质中可见包含体。真皮充血、水肿，在血管周围和胶原纤维束之间出现单核细胞、巨噬细胞和成纤维细胞，变性的表皮细胞可见包含体，真皮充血、水肿和炎性细胞浸润（表皮病理切片 HE 染色见图4-21）。

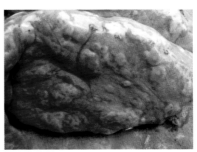

图4-19　气管痘疹　　　　　　　图4-20　肺脏痘疹

典型羊痘发病过程分前驱期、发痘期、结痂期。病初发热，呼吸急促，眼睑肿胀，流出浆液浓性鼻涕。1～2天后皮肤出现红色丘疹（图4-22），并于无毛或少毛部位的皮肤处（特别是在颊、唇、耳、尾下和腿内侧）出现绿豆大小的红色斑疹（图4-23和图4-24），再经2～3天丘疹内出现淡黄色透明液体，中央脐状下陷，成为水疱，继而疱液呈脓性为脓疱。随后脓疱干涸结

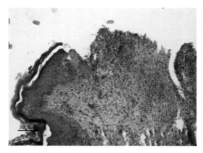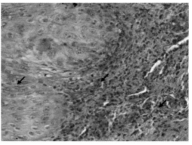

图 4-21　表皮病理切片 HE 染色（左，100×；右，200×）

痂皮，痂皮呈黄褐色。非典型羊痘全身症状较轻，有的脓疱融合
形成大的融合痘（图 4-25 和图 4-26），脓疱伴发出血形成血痘。
重症病羊常继发肺炎和肠炎。

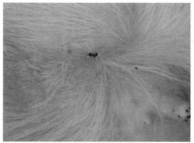

图 4-22　无毛和少毛区红色丘疹

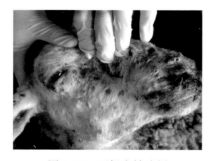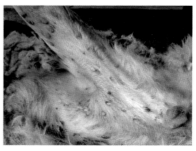

图 4-23　面部痘结溃烂　　　　图 4-24　腋下痘结溃烂

图 4-25　全身痘疹　　　　　　图 4-26　尾根部痘疹

三、诊断

根据流行病学、临床症状、病理变化和组织学特征可做出初步诊断，利用电镜观察、PCR 特异性目的基因扩增和中和试验可进行实验室确诊。本病要与传染性脓疱（俗称口疮）进行鉴别诊断。3～6 月龄羔羊多发羊口疮，且发病率高，死亡率低，病变主要在口唇部皮肤黏膜形成丘疹、脓疱、溃疡与疣状痂。

四、防治

羊场坚持自繁自养，保持羊圈环境的清洁卫生。羊舍定期进行消毒，有计划地进行羊痘疫苗免疫接种。一旦发生疫情应立即向有关部门上报疫情，并严格按照《国家突发重大动物疫情应急预案》和《绵羊痘、山羊痘防治技术规范》进行处置，隔离病羊与健康羊，防止疫情扩散；对健康羊要进行疫苗接种；与病羊接触过的羊必须单独圈养 20 天以上，经观察不发病才可与健康羊合群；被隔离的羊舍及其中的物品用具要彻底消毒；工作人员进出要遵守消毒制度；病羊尸体不准随意丢弃，要作焚烧或掩埋。

第七节　巴氏杆菌病

羊巴氏杆菌病是由多杀性巴氏杆菌引起的一种急性、烈性传染疾病，临床表现为败血症和出血性炎症，呼吸困难也是本病的特征之一。

一、病原与发病特点

多杀性巴氏杆菌属于巴氏杆菌科，为两端钝圆、中央微突的短杆菌或球杆菌。常用消毒剂有3％石炭酸、3％甲醛、10％石灰乳、0.5～1％氢氧化钠、2％来苏儿等。

本病经呼吸道、消化道和损伤的皮肤感染，也可通过吸血昆虫传染。本病的发生不分季节，但以冷热交替、气候剧变、湿热多雨的春秋季节发病较频繁，呈内源性感染并呈散发或地方性流行。病羊和带菌羊是本病的主要传染源。

二、症状

死羊肺门淋巴结肿大，颜色暗红，切面外翻、质脆。肺充血、淤血，颜色暗红，体积肿大，肺间质增宽，肺实质有相融合的出血斑或坏死灶（图4-27）。肺胸膜、肋胸膜及心包膜发生粘连，胸腔内有橙黄色渗出液（图4-28）；心包腔内有黄色浑浊液体，有的病羊心脏冠状沟处有针尖大小的出血点（图4-29）。

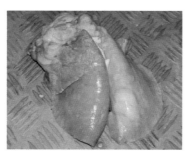

图4-27　肺实质出血斑

本病多发于羔羊，最急性型多发生于哺乳羔羊，也偶见于成年羊。病羊出现寒战、虚弱、呼吸困难等症状，可在数分钟至数小时内死亡。急性型表现为体温升高到40～42℃，呼吸急促，

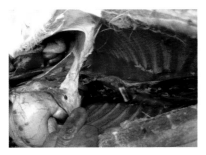

图 4-28　胸腔积液

图 4-29　心脏冠状沟出血

咳嗽，鼻孔常有带血的黏性分泌物排出，常在严重腹泻后虚脱而死（图 4-30）。慢性型主要见于成年羊，表现为消瘦（图 4-31），呼吸困难，咳嗽，流黏性的脓鼻液。

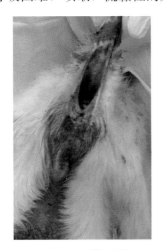

图 4-30　腹　泻

图 4-31　消　瘦

三、诊断

根据流行病学、临床症状、病理变化和组织学特征可作出初步诊断。病原学诊断包括染色镜检、分离培养、生化鉴定。本病应与羊支原体肺炎进行鉴别诊断。

四、防治

加强饲养管理，坚持自繁自养；羊群避免拥挤、受寒和长途运输，消除可能降低机体抗病力的因素；羊舍、围栏要定期消毒。

第八节　衣原体病

羊衣原体病是由衣原体感染引起的绵羊、山羊的一种人兽共患传染病，临床以发热、流产、死产和产弱羔为特征。在该病流行期，部分羊表现多发性关节炎、结膜炎等症状。

一、病原与发病特点

羊衣原体在分类上属于衣原体科、衣原体属。衣原体为革兰氏阴性菌，姬姆萨染色呈深蓝色。衣原体是专性细胞内寄生的微生物，只能在易感宿主细胞胞质内发育增殖。常用的消毒液有0.1%新洁尔灭溶液、2%苛性钠溶液、十二烷基磺酸钠和高锰酸钾溶液等。

感染衣原体的羊，不论是否表现出明显的临床症状，都是本病的传染源，通过呼吸道、消化道、生殖道、胎盘或皮肤伤口任一途径可感染其他羊，可能通过双重途径、多途径感染，临床症状表现更为复杂。各个年龄段的羊均可以感染衣原体，但羔羊感染后的临床症状表现较重，甚至死亡。本病一年四季均有发生，以冬季和春季发病率较高。母羊在产羔季节受到感染并不出现症状，但会到下一个妊娠期发生流产。一般舍饲羊的发病率比放牧羊的高。羊衣原体病多为散发或地方性流行。

二、症状

病理变化主要集中在胎盘和胎羔部位。胎羔脐部和头部等处明显水肿，胸腔和腹腔积有多量红色渗出液。继发子宫内膜炎，可见流产胎儿全身水肿，皮下出血（图4-32），呈胶样浸润，胸腔和腹腔积有大量红色渗出液，肝脏肿大，表面布有许多白色结节。母羊流产时胎盘子叶变性、坏死（图4-33）。

图4-32　流产胎儿皮下水肿，出血

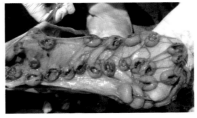
图4-33　胎盘子叶坏死

羊衣原体病有肺炎型、流产型、关节炎型和结膜炎型。羊流产型衣原体病表现为无任何征兆的突然性流产，患病母羊常发生胎衣不下或滞留（图4-34）或表现为外阴肿胀（图4-35）。

图4-34　胎衣不下

图4-35　外阴肿胀

三、诊断

根据流行特点、症状和病变可作出初步诊断。流产病料经姬姆萨染色镜检，如发现圆形或卵圆形原生小体即可确诊，也可进行动物接种或血清学试验。本病应与布鲁氏菌病、沙门菌病等疾病鉴别。

四、防治

加强检疫，禁止从疫区引种；加强饲养管理，增强羊群体质，消除各种诱发因素；本病流行地区，使用羊流产衣原体灭活苗对母羊和种公羊进行免疫接种，可有效控制羊衣原体病的流行；四环素、土霉素、强力霉素和泰乐霉素对本病有一定的治疗效果；本病发生时，应及时隔离流产母羊及其所产弱羔，流产的胎盘、产出的死羔应作无害化处理。

第九节　羔羊痢疾

羔羊痢疾是由大肠埃希氏菌引起的羔羊的一种败血症和严重腹泻性疾病，主要特征为腹泻。

一、病原与发病特点

该病病原属肠杆菌科、埃希菌属中的大肠埃希氏菌，革兰氏染色阴性。菌体呈直杆状，两端钝圆，有的近似球杆状。菌体对一般性染料着色良好，两端略深。菌体表面有一层具有黏附性的纤毛，这种纤毛是一种毒力因子。

本病可经水平传播和垂直传播，患病羊和带菌羊是主要传染源。本病多发生于出生数日至 6 周龄的羔羊，3～8 月龄的羊也偶有发生。本病呈地方性流行，也有散发的。羔羊群患病时传染速度非常快，死亡率也很高，对整个母羊群羔羊成活率的影响非常大。

二、症状

剖检患病羔羊可见尸体严重脱水，真胃、小肠和大肠内容物呈黄灰色半液状。肠黏膜充血（图 4-36），肠系膜淋巴结肿胀、发红。从肠道各部可分离到致病性的大肠埃希氏菌。有的肺脏呈初期炎症病变。

该病多发于 2～8 日龄的羔羊。病初体温升高至 $40～41℃$，不久即下痢，体温降至正常或微热。粪便开始呈黄色或灰色的半液体状，后呈液体状，含气泡，有时混有血液和黏液，肛门周围、尾部和臀部皮肤沾有粪便（图 4-37）。病羔腹痛、弓背、虚弱，严重的则脱水、衰竭、卧地不起，有时出现痉挛。如治疗不及时，病羊可在 24～36 小时死亡，病死率为 $15\%～25\%$。

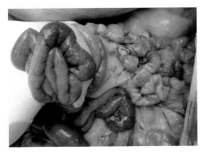

图 4-36 肠黏膜充血

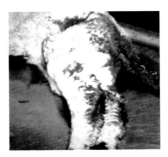

图 4-37 尾根部有带血的稀粪
（丁伯良等，2004）

三、诊断

根据流行病学、临床症状可作出初步诊断，确诊需进行细菌学检查。本病在临床症状上应与羊肠毒血症进行鉴别诊断。

四、防治

加强饲养管理，搞好环境卫生，做好羊圈的清洁和消毒；在母羊分娩前，对产房、产床及接产用具进行彻底清洗和消毒，配种前和产前母羊使用疫苗进行免疫接种；治疗时除使用抗生素外还要调整胃肠机能，纠正酸中毒，为防止脱水要及时补充体液。

第十节 羊口疮

羊口疮是由羊口疮病毒引起的以绵羊、山羊感染为主要感染对象的一种急性、高度接触性人兽共患传染病，以病羊口唇等皮肤和黏膜发生丘疹、水疱、脓疱和痂皮为特征。

一、病原与发病特点

口疮病毒又称传染性脓疱皮炎病毒，属于痘病毒科、副痘病毒属。病毒颗粒长 220～250 纳米、宽 125～200 纳米，表面结构为管状条索斜形交叉呈"8"字形缠绕线的团状。含有羊口疮病毒的结痂在低温冰冻条件下感染力可保持数年之久，但对高温较为敏感，65℃ 条件下 30 分钟可被全部杀死。常用消毒药为 2% 氢氧化钠、10% 石灰乳、1% 醋酸、20% 草木灰溶液。

发病羊和隐性带毒羊是本病的主要传染来源。人主要是通过伤口接触发病羊或被其污染的饲草、工具等造成感染。本病山羊、绵羊最为易感，尤其是羔羊和 3～6 月龄的小羊最易感。本病多发于春季和秋季，羔羊和小羊发病率高达 90%，因继发感染、天气寒冷、饮食困难等原因死亡率可高达 50% 以上。

二、症状

开始为上皮细胞变性、肿胀、充血、水肿和坏死，细胞质内出现大小和形状不一的空泡；接着表皮细胞增生并发生水疱变性，同时聚集多形核白细胞，使表皮层增厚而向表面隆突，真皮充血，渗出加重；随着中性粒细胞向表皮移行并聚集在表皮的水疱内，水疱逐渐转变为脓疱。随着病理的发展，角质蛋白包囊越集越多，最后与表皮一起形成痂皮。严重者肺部出现痘结节（图 4-38）。

本病在临床上一般分为蹄型、唇型和外阴型 3 种病型，混合型感染的病例时有发生。首先在口角、上唇或鼻镜部位发生散在

图 4-38　羊口疮肺脏痘结节

的小红斑点，逐渐变为丘疹、结节，压之有脓汁排出；继而形成小疱或脓疱，蔓延至整个口唇周围及颜面、眼睑和耳廓等部位，形成大面积易出血的污秽痂垢，痂垢下肉芽组织增生，导致嘴唇肿大外翻，呈桑葚状突起（图 4-39）。若伴有坏死杆菌等继发感染，则恶化成大面积的溃疡。羔羊齿龈溃烂（图 4-40）。公羊表现为阴鞘口皮肤肿胀，出现脓疱和溃疡（图 4-41）。蹄型羊口疮常见于一肢或四肢蹄部感染（图 4-42），通常于蹄叉、蹄冠或系部皮肤形成水疱、脓肿，破裂后形成溃疡，继发感染时形成坏死和化脓。病羊跛行，喜卧而不能站立。人感染羊口疮主要表现为手指部位的脓疱（图 4-43）。

图 4-39　唇型羊口疮继发感染　　　图 4-40　羔羊口疮菜花状齿龈

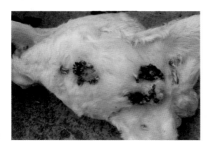
图 4-41　外阴型羊口疮

图 4-42　蹄型羊口疮

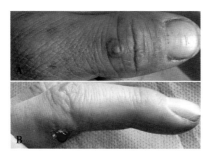
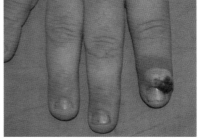
图 4-43　感染羊口疮病毒的手

三、诊断

根据流行病学、临床症状，特别是春、秋季节羔羊易感等特征可作出初步诊断。但本病应与羊痘、溃疡性皮炎、坏死杆菌病、蓝舌病等进行鉴别诊断。当鉴别诊断有疑惑时，可进行病毒分离培养，以及特异性病原目的基因 PCR 扩增。

四、防治

主要有：①禁止从疫区引进羊只，新购入的羊只严格隔离后方可混群饲养。②在本病流行的春、秋季节保护皮肤黏膜不发生损伤，特别是羔羊长牙阶段，口腔黏膜娇嫩，易引起外伤，应尽量剔除饲料或垫草中的芒刺和异物，避免在有刺植物的草地放牧。

③适时加喂适量食盐，以减少啃土、啃墙，防止发生外伤。④每年春、秋季节使用羊口疮病毒弱毒疫苗进行免疫接种。⑤对于外阴型和唇型病羊，首先使用 0.1%～0.2%的高锰酸钾溶液清洗创面，再涂抹碘甘油、2%龙胆紫、抗生素软膏或明矾粉末。⑥对于蹄型病羊可将蹄浸泡在 5%甲醛液体 1 分钟，冲洗干净后用明矾粉末涂抹。⑦乳房可用 3%硼酸水清洗，然后涂以青霉素软膏。⑧为防止继发感染，可肌内注射青霉素钾或钠盐 5 毫克/千克（以体重计），病毒灵或病毒唑 0.1 克/千克（以体重计）；每日 1 次，3 日为 1 个疗程，2～3 个疗程即可痊愈。⑨羊发病时首先隔离，然后对圈舍、运动场进行彻底消毒，同时给病羊柔软、易消化、适口性好的饲料，保证充足的清洁饮水。⑩给未发病的羊群紧急接种疫苗，提高其免疫保护效力。⑪由于羊口疮是人兽共患传染病，手上有伤口的饲养人员容易受到感染，因此注意做好个人防护，以免感染。人感染羊口疮时伴有发热和怠倦不适，经过微痒、红疹、水疱、结痂过程。局部可选用 1%～2%硼酸液冲洗去污，用 0.9%生理盐水湿敷止疼，并用阿昔洛韦软膏涂擦患部，不久可痊愈。

第十一节　肝片吸虫病（肝蛭病）

肝片形吸虫病是由片形科、片形属的肝片形吸虫寄生于牛、羊、鹿、骆驼等反刍动物的肝脏、胆管中所引起的，人也有感染的报道。该虫能引起肝炎和胆管炎，并伴有全身性中毒现象，绵羊感染后可引起大批死亡。

一、病原形态

肝片形吸虫背腹扁平如榆树叶状，新鲜虫体呈棕红色，其大小随发育程度不同而差别很大，一般成熟的虫体长 20～30 毫米、宽 10～13 毫米，体表前端有小棘，后部光滑。虫体前部较后部宽，前端为短的锥形，锥底突然变宽，呈双肩样突出。口吸盘位于虫体前端，直径约 1.0 毫米；腹吸盘在双肩样突出的中部，直径约 1.8 毫米，与口吸盘相距很近。

虫卵呈椭圆形，金黄色。卵壳较薄，透明。长 107～158 微米，宽 70～100 微米。前端较窄，有一个不明显的卵盖（观察时在标本上滴加少许氢氧化钾溶液，即能清楚地看到卵盖），后端较钝，卵内充满卵黄细胞（中部常较稠密）和一个常偏于前端的卵胚细胞。

二、生活史

肝片吸虫的发育需要淡水螺作为其中间宿主，中间宿主主要为小土窝螺，还有椭圆萝卜螺。成虫寄生于动物肝脏胆管内，产出的虫卵随胆汁入肠腔，经粪便排出体外后在适宜的温度（25～26℃）、氧气、水分及光线条件下，经 11～12 天孵出毛蚴。毛蚴游动于水中，遇到适宜的中间宿主，如淡水螺即钻入其体内。在螺体内，毛蚴经无性繁殖发育为胞蚴、雷蚴和尾蚴几个发育阶段。在 22～28℃时需经 35～38 天从螺体逸出尾蚴；但条件不适宜时则发育为两代雷蚴，在螺体发育的时间更长。侵入螺体体内的一个毛蚴，经无性繁殖最后可产生数百个尾蚴。尾蚴游动于水中，经3～5 分钟便脱掉尾部，以其成囊细胞分泌的分泌物将体部覆盖，黏附于水生植物的茎叶上或浮游于水中而成囊蚴。羊吞食了含囊蚴的水或草后遭受感染。囊蚴于羊的十二指肠脱囊而出，童虫穿过肠壁进入腹腔，后经肝包膜钻入肝脏（图 4-44 和图 4-45）。在肝实质中的童虫，经移行后到达胆管，发育为成虫（图 4-46 和图 4-47）。

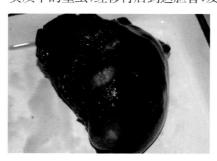

图 4-44　肝片吸虫感染后的肝脏　　图 4-45　从肝脏中取出的肝片吸虫

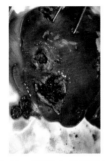

图 4-46　胆管内的肝片吸虫

图 4-47　从胆管内取出的肝片吸虫

三、流行病学

肝片形吸虫是我国分布最广泛、危害最严重的寄生虫之一，遍及全国 31 个省（自治区、直辖市），但多呈地区性流行，主要寄生于黄牛、水牛、牦牛、绵羊、山羊、鹿、骆驼等反刍动物。

温度、水和淡水螺是片形吸虫病流行的重要因素。在夏、秋季节，气候适宜和中间宿主存在（低洼地、水稻田、缓流水渠、沼泽草地和湖滩地，均适于螺的生长繁殖）的情况下，放牧羊极易感染片形吸虫。虽然在患肝片形吸虫病的绵羊血清中极易检出循环抗体，但在自然条件下，绵羊对肝片吸虫的再感染并不表现出明显的免疫反应。例如，当绵羊肝片形吸虫病暴发时，通常也包括那些过去曾感染过肝片形吸虫的成年羊。因此，在流行区，绵羊包括成年羊会大批死亡。

四、症状

羊轻度感染往往不表现症状，但感染数量多时（羊约 50 条成虫）则表现症状，但幼龄羊即使轻度感染也可能表现症状。临床上一般可分为急性型和慢性型两种类型。绵羊最为敏感，最常发生，死亡率也高。

1. 急性型（童虫移行期）　羊在短时间内吞食大量（2 000

条以上）囊蚴后会于 2～6 周发病。来势猛，突然倒毙。病初一般表现为体温升高，精神沉郁，食欲减退，衰弱，易疲劳，离群落后，迅速发生贫血，压痛敏感，严重者在几天内死亡。

2. 慢性型（成虫胆管寄生期） 吞食中等量（200～500 条）囊蚴后 4～5 个月时发生，常见于冬末春初季节。此类型较多见，其特点是病羊逐渐消瘦、贫血和低白蛋白血症，黏膜苍白，被毛粗乱，易脱落，眼睑、下颌及胸下水肿，腹水增多，母羊乳汁稀薄，妊娠羊往往流产，终因恶性病质而死亡。有的可拖延至次年天气转暖，但饲料改善后逐步恢复。

五、诊断

根据临床症状、流行病学资料、粪便检查发现虫卵和羊死后剖检发现虫体等进行综合判定，不难确诊。但仅见少数虫卵而无症状出现只能视为"带虫现象"。粪便检查虫卵可用水洗沉淀法或锦纶筛集卵法，虫卵易于识别。

对羊的急性型片形吸虫病的诊断应以解剖检查为主，将肝脏切碎，在水中挤压后淘洗，可找到大量童虫，以作出诊断。

六、防治

1. 定期驱虫 在我国北方地区，每年应进行两次驱虫，一次在春季，另一次在冬季。南方因终年放牧，每年可进行一次驱虫。急性病例可随时驱虫。在同一牧地放牧的羊最好同时都驱虫，尽量减少感染源。驱虫后羊的粪便应作堆积发酵处理。

2. 消灭中间宿主 灭螺是预防片形吸虫病的重要措施。可结合农田水利建设，草场改良填平无用的低洼水潭等，以改变螺的滋生条件。此外，还可用化学药物灭螺，如施用 1：5 000 的硫酸铜，2.5 毫克/升的血防 67 及 20% 的氯水均可达到灭螺的效果。如牧地面积不大，亦可饲养家鸭，来消灭中间宿主。

3. 加强饲养卫生管理　选择在高燥处放牧；饮水最好用自来水、井水或流动的河水，并保持水源清洁，以防感染；从流行区运来的牧草须经处理后再给羊饲喂。

第十二节　前后盘吸虫病

前后盘吸虫病是由前后盘科的各属吸虫，包括前后盘属、殖盘属、腹袋属、菲策属及卡妙属等的成虫寄生于牛、羊等反刍动物的瘤胃和胆管壁上，童虫在移行过程中寄生在真胃、小肠、胆管和胆囊所引起（图 4-48）。一般成虫的危害不甚严重，但如果大量童虫在移行过程中寄生在真胃、小肠、胆管和胆囊，则可引起严重的疾患，甚至发生羊的大批死亡（图 4-49）。

图 4-48　大量虫体寄生于瘤胃　　　图 4-49　大量虫体堵塞胆管

一、病原形态

前后盘吸虫呈圆锥形或纺锤形，乳白色，大小为（8.8～9.6）毫米×（4.0～4.4）毫米，虫体稍向腹面弯曲。口吸盘位于虫体前端，腹吸盘位于虫体亚末端，一般比口吸盘大 2.5～8 倍（图 4-50 和图 4-51）。缺咽。虫卵呈椭圆形，淡灰色，卵黄细胞不充满整个虫卵，大小为（125～132）微米×（70～80）微米。

图 4-50　瘤胃内虫体

图 4-51　石榴籽状虫体

二、生活史

前后盘吸虫的发育史与肝片形吸虫相似。成虫在终末宿主的瘤胃内产卵，后随粪便排出体外。虫卵在适宜的环境条件下孵出毛蚴，毛蚴于水中遇到适宜的中间宿主扁卷螺即钻入其体内，发育为胞蚴、雷蚴和尾蚴。尾蚴离开螺体后，附着在水草上形成囊蚴，羊吞食了含囊蚴的水草而遭感染。囊蚴在羊肠道逸出为童虫。童虫在附着瘤胃黏膜之前先在小肠、胆管、胆囊和真胃内移行，寄生数十天，最后到瘤胃内发育为成虫（图 4-52）。

图 4-52　从瘤胃内收集到的大量虫体

三、流行病学

同前后盘吸虫的流行病学。

四、症状

该病多发生于多雨年份的夏、秋季节，成虫危害轻微，主要是童虫在移行期间可引起小肠、真胃黏膜水肿，出血，发生出血性胃肠炎，或者致肠黏膜发生坏死和纤维素性炎症。小肠内可能有大量童虫，肠道内充满腥臭味的稀粪。胆管、胆囊膨胀，内含童虫。在临床上病羊表现为顽固性下痢，粪便呈粥样或水样，常有腥臭味。体温有时升高，食欲减退，精神委顿，消瘦，贫血，下颌水肿，黏膜苍白，最后极度衰弱而死亡。

五、诊断

根据粪便检查发现虫卵或尸体剖检发现大量童虫可确诊。

六、防治

预防性和治疗性驱除羊前后盘吸虫，请参见肝片吸虫。

第十三节　胰阔盘吸虫病

胰阔盘吸虫病是由歧（双）腔科、阔盘属的胰阔盘吸虫寄生于牛、羊等反刍动物的胰脏胰管内所引起，也可寄生于人。引起营养障碍和以贫血为主的吸虫病，严重时可导致宿主死亡。在我国报道的阔盘吸虫有 3 种：胰阔盘吸虫、腔阔盘吸虫和枝睾阔盘吸虫。其中，胰阔盘吸虫分布最广，危害也较大。

一、病原形态

胰阔盘吸虫较大，虫体呈棕红色，长椭圆形，扁平，稍透明，吸盘发达（图 4-53），其大小为(4.5～16) 毫米×（2.2～5.8）毫米。

口吸盘大于腹吸盘，睾丸并列在腹吸盘后缘两侧，呈圆形，边缘有缺刻或有小分叶。卵巢分叶3～6瓣。胰阔盘吸虫的虫卵大小为（34～52）微米×（26～34）微米，呈棕色的椭圆形，两侧稍不对称，一端有卵盖。成熟的卵内含有毛蚴，透过卵壳可以看到其前端有一条

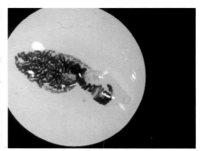

图 4-53　虫体形态

锥刺，后部有 2 个圆形的排泄泡，在锥刺的后方有一横向的椭圆形的神经团。

二、生活史

阔盘吸虫的发育需要 2 个中间宿主：第一中间宿主为陆地螺，第二中间宿主为草螽和针蟀。其中，胰阔盘吸虫的中间宿主为中华草螽。虫卵随羊的粪便排出体外，被第一中间宿主蜗牛吞食后，在其体内孵出毛蚴，进而发育成母胞蚴、子胞蚴和尾蚴。在发育形成尾蚴的过程中，子胞蚴向蜗牛的气管内移行，并从蜗牛的气孔排出，附在草上，形成圆形的囊，内含尾蚴，即子胞蚴黏团。第二中间宿主吞食了含有大量尾蚴的子胞蚴黏团后，子胞蚴在其体内经23～30天的发育，尾蚴即从子胞蚴钻出发育为囊蚴。羊在牧地上吞食了含有成熟囊蚴的中间宿主后遭到感染，囊蚴移行到胰脏，发育为成虫，整个发育过程共需9～16个月（图4-54）。

图 4-54　胰脏内的虫体

三、流行病学

本病主要分布于亚洲、欧洲及南美洲。在我国，牛、羊胰阔

盘吸虫病呈全国性分布，但以东北、内蒙古等地的广大牧区流行严重，感染率一般在 50%～80%。胰阔盘吸虫最适宜的终末宿主是羊，我国有的地区羊感染率达 90%～100%，一只羊体内可检获 8 000 多条虫体，而牛的感染率相对较低。

腔阔盘吸虫病主要发生于我国的南方各省，如福建省农村耕牛的感染率为 32%～69.9%，福建省郊区乳牛的感染率达 66.7%～70.9%。支睾阔盘吸虫病分布于贵州、福建、江西、四川等省，福建省的某些地区耕牛的感染率达 82%～100%。

牛、羊感染阔盘吸虫的主要季节是夏、秋两季，尤以秋季为甚。人是因误食草螽或食入未烧（烤）熟的草螽而感染。

四、症状

胰阔盘吸虫在羊的胰管中，由于虫体的机械性刺激和排出的毒素作用，羊的胰管会发生慢性增生性炎症，致使胰管增厚，管腔狭小。严重感染时，可导致管腔堵塞，胰液排出障碍，引起消化不良，病羊表现为消瘦、下痢，粪便中常含有黏液，毛干，易脱落，贫血，下颌、胸前出现水肿，可导致死亡。腹腔内、腹腔脂肪上、肠系膜上的虫体分别见图 4-55、图 4-56 和图 4-57。

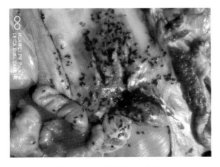
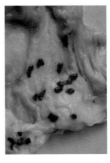

图 4-55　腹腔内虫体　　　　　图 4-56　腹腔脂肪上的虫体

图 4-57　肠系膜上的虫体

五、诊断

根据流行病学和临床表现，结合粪便检查发现虫卵或尸体剖检在胰脏发现虫体可作出诊断。

六、防治

在流行区内要注意给羊定期驱虫，并加强粪便管理，消灭中间宿主。驱虫措施如下：

1. 吡喹酮　剂量为绵羊 90 毫克/千克（以体重计）、山羊 10 毫克/千克（以体重计），口服。油剂腹腔注射：绵羊 30～50 毫克/千克（以体重计）、山羊 50 毫克/千克（以体重计），驱虫率均在 95% 以上。

2. 六氯对二甲苯（血防 846）　剂量为绵羊和山羊 300～400 毫克/千克（以体重计），口服。隔天 1 次，3 次为一个疗程，效果较好。

第十四节　细粒棘球蚴病

细粒棘球蚴病又称囊性包虫病，是一类重要的人兽共患寄生虫病，是棘球绦虫的中绦期寄生于牛、羊、猪、人及其他动物的肝、肺等器官中引起的。棘球蚴体积大，生活力强，不仅压迫周围组织使之萎缩和功能障碍，还易造成继发感染。如果蚴囊破裂，则可引起羊的过敏反应，甚至死亡。

一、病原形态

细粒棘球蚴（单房棘球蚴）为一独立包囊状构造，内含液体。形状常因寄生部位不同而有变化，大小常从豌豆大到人头大。一般近球形，直径为 5～10 厘米。棘球蚴的囊壁分两层：外层为乳白色的角质层，内为胚层，又称为生发层。囊液呈淡黄色，每 100 毫升囊液内含 17～100 毫克蛋白质。囊液与宿主的血清极其相似，含有免疫球蛋白和抗补体物质及石灰小体。单房棘球蚴可分为三类，即人型棘球蚴、兽型棘球蚴、无头型棘球蚴。

细粒棘球绦虫很小，长仅有 2～7 毫米，由头节和 3～4 个节片组成，头节上有 4 个吸盘，有顶突，36～40 个小钩分两行排列。成节内含一套雌雄同体的生殖器官，睾丸 35～55 个，生殖孔位于节片侧缘的后半部。最后 1 个节片为孕卵节片，其中仅有子宫，长度约占虫体全长的一半。子宫由主干分枝形成许多袋形侧枝，子宫侧枝为 12～15 对，其中充满虫卵，虫卵大小为（32～36）微米×（25～30）微米，被覆着一层辐射状条纹的胚膜，内为六钩蚴。

二、生活史

虫卵对外界因素的抵抗力较强，即使在自然界中存活很长时间也具有感染性。孕节有主动运动的特性，可从粪便中爬出，甚至还可沿草茎爬至草上。在运动的同时孕节破裂，虫卵溢出，污染草、饲料和饮水。羊等中间宿主吞食虫卵后而受感染。进入消化道的六钩蚴，钻入肠壁经血流或淋巴液散布到体内各处，以肝、肺两处最多，绵羊有 70% 在肝脏（图 4-58）、25% 在肺脏（图 4-59），经 6～12 个月的生长后发育为具有感染性的棘球蚴。棘球蚴的生长可持续数年。在肝肺处的棘球蚴，直径可达 20 厘米以上。犬和其他的食肉动物因吞食了含棘球蚴的脏器而受感染，经 40～50 天的潜隐期发育为细粒棘球绦虫。

 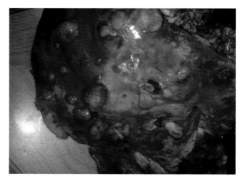

图 4-58　羊肝脏上的包囊　　　　　图 4-59　羊肺脏上的包囊

三、流行病学

细粒棘球蚴为世界性分布，在我国以四川省最为严重。绵羊的感染率在 50％以上，有的地区甚至高达 100％。动物和人细粒棘球蚴的感染源，在牧区主要是犬，特别是野犬和牧羊犬。人的感染多因直接接触犬，致使虫卵黏在手上再经口感染。通过蔬菜、水果、饮水和生活用具，误食虫卵而受感染也是一种途径。

细粒棘球绦虫的中间宿主范围虽然较广泛，但在流行病学上具有重要意义的动物是绵羊（成年羊）。其原因除绵羊本身是细粒棘球绦虫最适宜的中间宿主外，还由于放牧的羊群经常与牧羊犬密切接触，在牧地上吃到六钩蚴的机会多；而牧羊犬又常可吃到绵羊的内脏，因而造成本虫在绵羊与犬之间循环感染。

四、症状

棘球蚴对羊的危害严重程度主要取决于棘球蚴的大小、数量和寄生部位。机械压迫使周围组织发生萎缩和功能障碍，代谢产物被吸收后可引起组织炎症和全身过敏应。绵羊表现为消瘦、被毛逆立、脱毛、黄疸、腹水、咳嗽、倒地不起，终因恶病质或窒息而死亡。各种羊均可因囊泡破裂而产生严重的过敏反应而突然死亡。

五、诊断

羊和人均可采用皮内变态反应检查法诊断。间接血球凝集试验和酶联免疫吸附试验对动物和人的棘球蚴诊断有较高的检出率。

六、防治

主要有：①对犬进行定期驱虫。口服吡喹酮，剂量为 5 毫克/千克（以体重计），疗效 100％，禁食后 3～4 小时投药。驱虫后特别应注意对犬粪作无害化处理。②病羊的脏器不得随意喂犬，必须经过无害化处理。③经常保持羊舍、饲草、饲料和饮水卫生，防止被犬粪污染。④与犬等动物接触后应注意个人卫生。

第十五节　细颈囊尾蚴病

该病是由带科、带属的泡状带绦虫的中绦期——细颈囊尾蚴寄生于猪、绵羊、山羊等动物肝脏实质内，以及被膜上下、浆膜、网膜、肠系膜等其他器官中所引起的，严重感染时还可进入胸腔，寄生于肺部。成虫寄生于犬、狼和狐狸等动物的小肠内。

一、病原形态

细颈囊尾蚴呈囊泡状，俗称水铃铛，大小不等，豌豆大小或更大。囊壁薄，呈乳白色，内含透明液体，肉眼可见囊壁上有一个向内生长且具细长颈部的头节，故名细颈囊虫。在脏器中的囊体，体外被一层由宿主组织反应产生的厚膜包围，故不透明，颇易与棘球蚴相混。成虫泡状带绦虫呈乳白色或稍带黄色，体长可达 5 米，头节上有顶突和 26～46 个小钩排成两列。前部的节片宽而短，向后逐渐加长。虫卵为卵圆形，内含六钩蚴，大小为（36～39）微米×（31～35）微米。

二、生活史

泡状带绦虫寄生在犬及其他野生食肉兽的小肠内，随粪便排出孕卵节片，虫卵散出污染了草地、饲料和饮水，羊等因吞食虫卵而受感染。六钩蚴逸出，钻入肠壁随血流至肝，进入肝实质或移行至肝的表面，发育成囊尾蚴（图4-60）。有些虫体从肝表面落入腹腔而附着于网膜或肠系膜上，经3个月发育成具感染性的细颈囊尾蚴（图4-61）。犬、狼等吞食含有细颈囊尾蚴的脏器后而受到感染。细颈囊尾蚴进入小肠后头节伸出，附着于肠壁逐渐发育为泡状带绦虫，潜隐期为51天，在犬体内泡状带绦虫可活1年左右。

 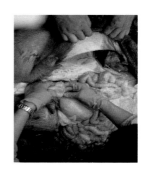

图4-60　肝脏上形成的包囊　　　图4-61　肠系膜上的包囊——俗
　　　　　　　　　　　　　　　　　　　　　　称"水铃铛"

三、流行病学

该病呈世界性分布，我国各地普遍流行，牧区绵羊、山羊感染严重。每逢牧区宰羊时，犬多守立于旁，凡不宜食用的废弃内脏便被丢弃在地，任犬吞食，这是犬易于感染泡状带绦虫的主要原因。犬的这种感染方式和循环形式，在我国不少牧区很常见。

四、症状

细颈囊尾蚴对羔羊的危害较严重。六钩蚴在肝脏中移行，有时数量很多，损伤肝组织，破坏肝实质和微血管，穿成孔道，引起出血性肝炎。大部分幼虫由肝实质向肝包膜移行，最后到达大网膜、肠系膜或其他浆膜发育时，其致病力即行减弱，但有时可引起局限性或弥散性腹膜炎，有的也可移行至皮下（图 4-62 和图 4-63），严重感染时进入胸腔、肺实质及其他脏器而引起腹膜炎和肺炎。还有一些幼虫一直在肝脏内发育，久后可引起肝硬化。

　　该病多呈慢性经过。慢性型的多发生于幼虫自肝脏出来之后，一般无临床表现，但影响羊的生长发育。多数仅表现虚弱、消瘦，偶见黄疸，腹部膨大或因囊体压迫肠道而引起便秘。

　　图 4-62　移行皮下形成的包囊　　　　图 4-63　取出移行皮下的包囊

五、诊断

　　可用血清学方法，但目前仍以死后剖检或宰后发现细颈囊尾蚴才能确诊。注意急性型易与急性肝片形吸虫病相混淆，在肝脏中发现细颈囊尾蚴时应与棘球蚴相区别。前者只有 1 个头节，壁薄而且透明，后者囊壁厚而不透明。

六、防治

　　用吡喹酮有一定疗效，50 毫克/千克（以体重计），与液体石蜡按 1：6 比例混合研磨均匀，分两次间隔 1 天深部肌内注射，可全部杀死虫体；或硫氯酚 0.1 克/千克（以体重计）喂服。为防止散布病原，应禁止犬进入羊舍，避免饲料、饮水被犬粪污染。对犬进行定期驱虫，驱虫药物有吡喹酮或氯硝柳胺。捕杀野犬。严禁犬类进入屠宰场，禁止将细颈囊尾蚴丢弃喂犬。

第十六节　粗纹食道口线虫病

粗纹食道口线虫病是食道口科、食道口属粗纹食道口线虫的幼虫和成虫寄生于肠壁与肠腔引起的。该病在我国各地牛、羊中普遍存在，并引发病变。

一、病原形态

线虫的口囊呈小而浅的圆筒形。口缘有叶冠，有颈沟，其前部的表皮常膨大形成头囊。虫卵较大。粗纹食道口线虫主要寄生于羊的结肠。口囊较深，头囊显著膨大。无侧翼膜。颈乳突位于食道的后方。雄虫长 13～15 毫米，雌虫长 17.3～20.3 毫米。

二、生活史

成虫在寄生部位产卵后，卵随粪便排出体外。虫卵在外界发育至感染性幼虫的过程及各期幼虫在外界环境中的习性与毛圆科线虫的相似。羊摄食了被感染性幼虫污染的青草和饮水而被感染。幼虫在胃肠内脱鞘，然后钻入小结肠和大结肠固有膜深处，并在此形成包囊和结节（哥伦比亚结节虫和辐射结节虫在肠壁中形成结节），在其内进行两次蜕化，然后返回肠腔，发育为成虫。有些幼虫可不返回肠腔而自浆膜层移行到腹腔，可生活数日但不继续发育。此种虫体在肉品检验中有时遇到，自感染到排出虫卵需 30～40 天。

三、流行病学

低于 9℃时虫卵不发育。当牧场上的相对湿度为 48%～50%、平均温度为 11～12℃时，可生存 60 天以上。第一、二期幼虫对干燥很敏感，极易死亡。第三期幼虫有鞘，在适宜条件下可存活几个月，冷冻可使之死亡。温度在 35℃ 以上时，所有幼虫均可迅速死亡。在 6 个月以下的羔羊肠壁上不形成结节，而主要在成年羊肠壁上形成结节。

四、症状

该病无特殊症状，轻度感染不显示症状，重度感染特别是感染羔羊时可引起典型的顽固性下痢。粪便呈暗绿色，含有许多黏液，有时带血。病羊弓腰，后肢僵直有腹痛感，严重者可因机体脱水、消瘦，引起死亡。在慢性病例，则为便秘和腹泻交替的进行性消瘦，下颌间可能发生水肿，最后虚脱而死。

五、诊断

结节虫卵和其他圆线虫卵很难相互区别，所以病死羊生前诊断比较困难。应根据临床症状，结合尸体剖检发现肠壁内有大量幼虫结节，以及肠腔内有大量虫体时进行综合判断。

六、防治

定期驱虫，加强营养；饮水和饲草须保持清洁；改善羊场环境。驱虫请参见羊消化道线虫的驱虫方法。

第十七节　羊仰口线虫病

羊仰口线虫病是由钩口科、仰口属的羊仰口线虫引起的，寄生于羊的小肠。该病在我国各地普遍流行，可引起贫血，对羊的危害很大，并可以引起死亡。

一、病原形态

羊仰口线虫呈乳白色或淡红色。口囊底部的背侧有一个大背齿，背沟由此穿出，底部腹侧有 1 对小的亚腹齿。雄虫长

12.5～17.0毫米，虫卵大小为（79～97）微米×（47～50）微米。交合伞发达。两端钝圆，胚细胞大而数量少，内含暗黑色颗粒。

二、生活史

在潮湿的环境和适宜的温度下，虫卵可在4～8天内形成幼虫。幼虫从壳内逸出，经两次蜕化，变为感染性幼虫。羊吞食了被感染性幼虫污染的饲料或饮水，或感染性幼虫钻进羊皮而使羊受到感染。羊仰口线虫的幼虫经皮肤感染时，幼虫从羊的表皮缝隙钻入，随即脱去皮鞘，然后沿血流到肺并在此发育，并进行第三次蜕化而成为第四期幼虫。之后上行到咽，重返小肠，进行第四次蜕化而成为第五期幼虫，在侵入皮肤后的50～60天发育为成虫。经口感染时，幼虫在小肠内直接发育为成虫。经口感染的幼虫，其发育率比经皮肤感染要少得多；经皮肤感染时有85％的幼虫发育，而经口感染时只有12％～14％的幼虫发育。

三、流行病学

在夏季，感染性幼虫可以存活2～3个月。在8℃时，幼虫不能发育；在35～38℃时，仅能发育到第一期幼虫。宁夏盐池地区，到夏季（8月），羔羊体内才开始出现虫体，此后数量逐渐增多。因此，该地区在7月以前，牧场上没有感染性幼虫。在有些地区，羊的全年荷虫量基本相近。

四、症状

病羊表现进行性贫血，严重消瘦，下颌水肿，顽固性下痢，粪便黑色。幼龄羊发育受阻，有神经症状，如后躯痿弱和进行性麻痹，死亡率很高。

五、诊断

根据临床症状、粪便检查发现虫卵和死后剖检发现多量虫体即可确诊。病死羊消瘦，贫血，十二指肠和空肠内有大量虫体，黏膜发炎，有小出血点和小齿痕。

六、防治

可用噻苯唑、苯硫咪唑、左旋咪唑、阿苯达唑或伊维菌素等定期驱虫；舍饲时保持厩舍干燥清洁；饲料和饮水应不受粪便污染。

第十八节　捻转血矛线虫病

捻转血矛线虫又称捻转胃虫，俗称麻花虫。分布遍及全国各地，能引起反刍兽消化道圆线虫病。

一、病原形态

捻转血矛线虫呈毛发状，因吸血而呈淡红色。雄虫长 15～19 毫米，雌虫长 27～30 毫米。虫体表皮上有横纹和纵嵴。雄虫交合伞发达，背肋以"人"字形为其特征；雌虫因白色的生殖器官环绕于红色含血的肠道周围，形成红白线条相间的外观，故称捻转血矛线虫，亦称捻转胃虫。阴门位于虫体后半部，有一个显著的瓣状阴门盖。卵壳薄，光滑，稍带黄色，虫卵大小为（75～95）微米×（40～50）微米，新鲜虫卵含16～32 个胚细胞。

二、生活史

捻转血矛线虫属于直接发育的土源性线虫，寄生于反刍兽的第四胃，偶见于小肠。雌虫产卵量很大，每天可排卵5 000～10 000个。虫卵随粪便排出外界，在适宜的条件下，一昼夜可孵出幼虫，约 1 周经两次蜕皮即发育为感染性幼虫（第三期幼虫），外被囊鞘。各期幼虫在外界环境中的生活习性是：第一、二期幼虫生存于牛、羊粪土，牧草，水沟和湿土中，营腐物寄生，摄食细菌类生存。被有囊鞘的第三期幼虫不采食，依赖其肠细胞内贮存的养料而生存，当养料耗尽时，幼虫即死亡。第三期幼虫主要附着于草叶、草茎上或积水中，其活动规律有以下各点：①幼虫有背地性，在牧地适宜条件下，离开地面向牧草的叶片上爬行；②幼虫有趋弱光性，但畏惧强烈阳光，故仅于清晨、傍晚或阴天时爬上草叶，在日光强烈的白昼和夜晚爬回地面；③幼虫对温度有感应性，温暖时活动力增强，寒冷时进入休眠状态；④幼虫不能在干的叶面上爬行，必须在具有一层薄薄的水草叶上爬行；⑤幼虫有鞘膜的保护，对恶劣环境的抵抗力较强，但易被直射日光晒死，干燥也能使之致死，但草地上的幼虫感到湿度不适时即钻入泥土中，以避开干燥之害；⑥落入水中的幼虫常沉于底部，可存活 1 个月或更久；⑦由于第三期幼虫不采食，故在温暖季节，幼虫活动量大，其寿命不超过 3 个月；反之，在潮湿的寒冷条件下，幼虫可存活 1 年以上。

羊随吃草和饮水吞食第三期幼虫，幼虫在瘤胃内脱鞘，之后到真胃，钻入黏膜，开始摄食。感染后 36 小时，开始第三次蜕皮，形成第四期幼虫，并返回黏膜表面。感染后 3 天，虫体出现口囊，并吸附于胃黏膜上。感染后 12 天，全部虫体进入第五期。感染后 18 天发育为成虫，成虫游离于胃腔内。感染后 18～21 天，羊粪便中出现虫卵。感染后 25～35 天，产卵量达高峰。成虫寿命不超过 1 年。虫卵在 0℃时不能发育，7.2℃时只有极少数可发育到孵化前期。从虫卵发育到第三期幼虫所需的时间为：11℃，15～20 天；14.4℃，9～12 天；21.7℃，5～8 天；37℃，3～4 天；低于 5℃，虫卵在 4～6 天内死亡。感染前期的幼虫，在 40℃以上时迅速死亡；感染性幼虫带有鞘膜，在干燥环境中可借休眠状态生存 1 年半。

三、流行病学

低凹牧场的捻转血矛线虫幼虫数量在放牧结束时达最高。牧场小气候比大气候对幼虫数量的影响更为重要。在山地牧场，幼虫数量在夏季逐渐增多，8月达到最大；冬季低温抑制或延迟了幼虫的孵化，故牧草上几乎没有幼虫。羊对捻转血矛线虫有"自愈"现象，这是初次感染产生的抗体和再感染时的抗原物质相结合所引起的一种过敏反应。

四、症状

一般情况下，毛圆科线虫病常表现为慢性过程，病羊日渐消瘦，精神萎靡，放牧时离群。严重时病羊卧地不起，贫血，表现为下颌间隙及头部发生水肿，呼吸、脉搏加快，体重减轻，育肥不良；幼龄羊生长受阻，食欲减退，饮欲如常或增加，下痢与便秘交替，红细胞数量减少。严重感染捻转胃虫时，羔羊可在短时间内发生大批死亡，此时羔羊膘情尚好，但因极度贫血而死，这是由于短期内集中感染大量虫体所致。轻度感染时，呈带虫现象，但污染牧地，成为感染源。

五、诊断

对于捻转胃虫的诊断，可以根据当地流行情况、症状及剖检作综合判断。

六、防控

由于该种疾病感染初期不会表现出明显的临床症状，病情较为缓和，因此不容易引起重视，很容易错过最佳治疗时机。到了感染后期，羊的消化道已经广泛出血，出现贫血现象，身体瘦弱，造成严重死亡。日常养殖中应该密切观察羊群的采食情况和饮水情况，定期清理圈舍当中的粪便，并将粪便堆积发酵，以杀灭虫卵。同时，还应该保证饮用水清洁、卫生，定期更换。每年春、秋两季做好体表和体内寄生虫的驱虫工作。在该种寄生虫病流行高发期，进行一次强化驱虫工作。

第十九节　羊毛首线虫病

羊毛首线虫病是由毛尾科、毛尾属的线虫寄生于羊大肠（主要是盲肠）引起的。虫体前部呈毛发状，故又称毛首线虫，也称毛尾线虫。由于虫体的整个外形像鞭子，前部细，像鞭梢；后部粗，像鞭杆，故又称鞭虫。本病主要危害幼龄羊，严重感染时可引起羊的死亡。

一、病原形态

羊毛尾线虫雄虫长 50～80 毫米，雌虫长 35～70 毫米。食道部占虫体全长的 2/3～4/5。虫卵大小为（70～80）微米×（30～40）微米，常寄生于绵羊、牛、长颈鹿和骆驼等反刍兽的盲肠。

二、生活史

羊毛尾线虫的雌虫在盲肠内产卵，卵随粪便排出体外，在适宜的温度和湿度条件下，发育为壳内含第一期幼虫的感染性虫卵；羊吞食了感染性虫卵后，第一期幼虫在小肠后部孵出，钻入肠绒毛间发育；到第 8 天后移行到盲肠和结肠内，固着于肠黏膜上；感染后 12 周发育为成虫，成虫寿命为 4～5 个月。有的研究者认为，毛尾线虫由第四期幼虫直接生长为成虫。

三、流行病学

在幼龄羊寄生的较多。由于卵壳厚，抵抗力强，故感染性虫卵可在土壤中存活时间可长达 5 年。本病一年四季均可发生，但夏季发生率最高。

四、症状

轻度感染时，羊有间歇性腹泻，轻度贫血；严重感染时，羊食欲减退，消瘦，贫血，腹泻；死前数日，排水样血便，并有黏液。

五、诊断

虫卵形态有特征性，易于识别。用粪便检查法发现大量虫卵或剖检时发现虫体即可确诊。

六、防治

在治疗方面，可用左旋咪唑、阿苯达唑和羟嘧啶等药物驱虫。在预防方面，在羊毛首线虫病流行的地区，每年春、秋两季对羊群各进行 1 次驱虫，特别是对断奶后的羔羊应进行 1～3 次驱虫（间隔 1.5～2 个月），以后每隔 1.5～2 个月进行 1 次驱虫；保持圈舍清洁卫生，经常打扫，勤换垫草；对饲槽、用具及圈舍定期（每日 1 次）用 20％～30％热草木灰水或 3％～5％氢氧化钠溶液进行杀虫；羊粪及垫草要无害化处理，以杀灭虫卵；在已控制或消灭本虫的羊场，引入羊只时应先隔离饲养，并进行粪便检查，发现病羊时须进行 1～2 次驱虫后再并群饲养；加强断奶羔羊的饲养管理，多给富含维生素和多种微量元素的饲料，以增强其对羊毛首线虫病的抵抗能力。

第二十节　绵羊夏伯特线虫病

绵羊夏伯特线虫病是由圆形科、夏伯特属线虫寄生于羊的大肠引起的一种常见寄生虫病。该病遍及我国各地，而以西北、内蒙古、山西等地较为严重，有些地区羊的感染率高达 90％以上。

一、病原形态

该属线虫有或无颈沟，颈沟前有不明显的头泡或无头泡。口孔开向前腹侧，有两圈不发达的叶冠。口囊呈亚球形，底部无齿。雄虫交合伞与食道口属的相似；交合刺等长，较细，有引器。雌虫阴门靠近肛门。绵羊夏伯特线虫是一种较大的乳白色线虫，前端稍向腹面弯曲，有一近似半球形的大口囊，其前缘有两圈由小三角叶片组成的叶冠。腹面有浅的颈沟，颈沟前有稍膨大的头泡。雄虫长 16.5～21.5 毫米，有发达的交合伞，交合刺呈褐色，引器呈淡褐色。雌虫长 22.5～26.0 毫米，尾端尖，阴门距尾端 0.3～0.4 毫米，阴道长 0.15 毫米。虫卵呈椭圆形，大小为（100～120）微米×（40～50）微米。

二、生活史

虫卵随羊粪便排到外界，在 20℃的温度下，经 38～40 小时孵出幼虫，经 5～6 天蜕化 2 次变为感染性幼虫。羊经口感染后 72 小时，可以在盲肠和结肠见到脱鞘的幼虫。感染后 90 小时，可以看到幼虫附着在肠壁上或已钻入肌层。感染后 6～25 天，第四期幼虫在肠腔内蜕化为第五期幼虫。感染后 48～54 天，虫体发育成熟，吸附在肠黏腹上生活并产卵。成虫寿命达 9 个月左右。

三、流行病学

虫卵在－12～－8℃时，可长期存活。干燥和日光直射时，经 10～15 分钟死亡。感染性幼虫在－23℃的荫蔽处，可长期耐干燥；外界条件适宜时，可存活 1 年以上。虫卵和感染性幼虫均能在低温下长期生存是夏伯特线虫病流行的重要因素之一。1 岁以内的羔羊最易感，发病较重；成年羊的抵抗力较强，发病较轻。

四、症状

严重感染时，病羊消瘦，黏膜苍白，排出带黏液和血色的粪便，有时下痢。幼龄羊生长发育迟缓，被毛干脆，食欲减退，下颌水肿，有时可死亡。

五、诊断

可结合临床症状进行诊断性驱虫。或取病羊作尸体检查，发现虫体即可确诊。

六、防治

驱虫可用左旋咪唑、阿苯达唑、噻苯唑和阿维菌素等药物。参阅捻转血矛线虫病。

第二十一节　羊蜱病

一、病原形态

蜱属于蜱螨亚纲、蜱螨目、蜱亚目。蜱分为3个科：硬蜱科、软蜱科和纳蜱科，其中最常见的、危害性最大的是硬蜱科。硬蜱又称壁虱、扁虱、草爬子、狗豆子等，是羊的一种重要外寄生虫。呈红褐色或灰褐色。卵圆形，背腹扁平，从芝麻粒大到米粒大。雌虫吸饱血后，虫体膨胀可达蓖麻籽大小。硬蜱在躯体背面有1块盾板。

二、生活史

蜱的发育需要经过卵、幼虫、若虫及成虫4个阶段。幼虫、若虫、成虫这3个活跃期都要在人兽身上吸血。在幼虫变为若虫及若虫变为成虫的过程中，都要经过蜕化（脱皮）。幼虫和若虫常寄生在小野兽和禽类的体表，成虫多寄生在大动物（如羊）身上（图4-64和图4-65）。幼虫爬到小羊体上吸血，经过2～7天吸饱血后落于地面，经过蜕化变为若虫再侵袭各种动物；若虫经3～9天吸饱血后落地，蛰伏数天至数十天蜕化变为性成熟的雌虫或雄虫。成虫吸血时间需用8～10天。蜱的吸血量很大，饱食后幼虫的体重增加10～20倍，若虫为20～100倍，雄虫为1.5～2倍，而雌虫可达50～250倍。根据硬蜱更换宿主次数和蜕皮场所可分为3种类型：一宿主蜱、二宿主蜱和三宿主蜱。我国常见的硬蜱有微小牛蜱（图4-66）、草原革蜱、西藏革蜱（图4-67）、森林革蜱、残缘璃眼蜱、长角血蜱、青海血蜱、血红扇头蜱和镰形扇头蜱。

图4-64　羊体表寄生的蜱

图4-65　正在产卵的青海血蜱

图4-66　微小牛蜱

图4-67　西藏革蜱

三、流行病学

　　经蜱传播的疾病较多，已知蜱是83种病毒、14种细菌、17种回归热螺旋体、32种原虫，以及钩端螺旋体、鸟疫衣原体、霉菌样支原体、犬巴尔通氏体、鼠丝虫、棘唇丝虫的媒介或贮存宿主，其中由它们引起的大多数疾病是重要的自然疫源性疾病和人兽共患病，如森林脑炎、出血热、Q热、蜱传斑疹伤寒、鼠疫、野兔热、布鲁氏菌病等。硬蜱在兽医学上更具有特殊重要的地位，因为对羊危害极其严重的梨形虫病和泰勒虫病都必须依赖硬蜱来传播。

四、症状

蜱叮咬羊而吸血时，可损伤羊的皮肤，造成叮咬部位痛痒，使羊骚动不安，摩擦甚至啃咬其他东西。损伤处皮肤引发继发感染，引起皮炎和伤口蛆症等。当大量蜱体寄生时，可引起羊贫血、消瘦、发育不良、皮毛质量下降及奶产量下降。若大量蜱寄生于羊的头、颈部或后肢时，蜱所分泌的毒素可引起羊全身麻痹或后肢麻痹（蜱瘫痪）。

五、诊断

蜱吸血后体积变大，根据临床症状，找到虫体即可确诊。

六、防治

由于蜱类寄生的宿主种类多，分布区域广，因此应在充分调查研究蜱生活习性（消长规律、滋生场所、宿主范围、寄生部位等）的基础上，因地制宜地采取综合性防治措施。

1. 消灭羊体上的蜱

（1）捕捉　在羊少、人力充足的条件下，可在每天刷拭、放牧、使役归来时检查羊体，发现蜱时将其摘掉，集中起来烧掉。摘蜱时应与羊皮肤垂直地往上拔出，否则蜱的假头容易留在羊体内，引起局部炎症。

（2）药物灭蜱

①国产双甲脒，0.375%浓度，间隔7天重复用药1次。

②溴氰菊酯0.01%浓度间隔10~15天重复用药1次。

③1%的伊维菌素注射液，剂量为0.02毫升/千克（以体重计），1次皮下注射。

各种药剂长期使用，可使蜱产生抗药性，因此杀虫剂应轮流使用，以增强杀蜱效果和推迟发生抗药性。

2. 消灭羊舍中的蜱　有些蜱类，如残缘璃眼蜱通常生活在羊舍的墙壁、地面、饲槽的裂缝内。为了消灭这些地方的蜱类，应堵塞羊舍内所有缝隙和小孔，堵塞前先向裂缝内撒杀蜱药物，然后以水泥、石灰、黄泥堵塞，并用新鲜石灰乳粉刷厩舍。用杀蜱药液对圈舍内墙面、门窗、柱子做滞留喷洒。璃眼蜱能耐饥7～10个月，故在必要和可能的条件下，停止使用（隔离封锁）有蜱的羊舍10个月以上。

第二十二节　羊蜱蝇病

一、病原形态

羊蜱蝇体长4～6毫米。头部和胸部均为深棕色，腹部为浅棕色或灰色。体壁呈革质的性状，遍生短毛。头扁，嵌在前胸的窝内，与胸部紧密相接，不能活动。复眼小，呈新月形。触角短，缩于复眼前方的触角窝内。触须长，其内缘紧贴喙的两侧，形成喙鞘。足粗壮有毛，末端有1对强而弯曲的爪，爪无齿。前足居头之两侧。腹部不分节，呈袋状。雄虫腹小而圆，雌虫腹大，后端凹陷（图4-68）。

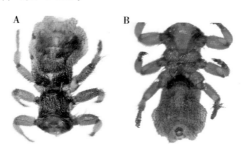

图4-68　雌虫的背面与腹面

二、生活史

羊蜱蝇生命周期包括幼虫、蛹和成虫3个阶段。雌虫交配后经过6～8天产出幼虫；幼虫黏附于宿主体表，经6～12小时变为褐色的蛹，再经19～30天发育为成虫。蛹黏附于羊颈腹侧和臀部等油脂较多的部位；成虫主要寄生于羊颈部、肩背部和臀部等部位的皮毛中；成虫离开羊后一般只能生存 7 天，但寄生于羊的雄性可以成活 80 天，雌性多数可以成活 100 天，有的长达 130 天；雌雄羊蜱蝇均每 24～36 小时吸血 1 次。幼虫变为蛹后 24 小时，雌虫开始交配，一生可以生产 12～15 条幼虫，也有的文献报道羊蜱蝇一生可以产生 5～6 条幼虫；生殖期为 50 天。

三、流行病学

本病在我国各地发病率都很高。羊蜱蝇在羊群主要通过直接接触而发生传播，也可通过垫草、工具等间接传播。

四、症状

羊蜱蝇寄生于羊的颈、肩、胸及腹部等处吸血（图 4-69）。感染严重时，绵羊不安，摩擦啃咬，因而损伤皮毛；有时给皮肤造成创伤，可能招致伤口蛆症，或造成食毛癖。羊毛干枯、粗乱，易于脱落；被虱蝇粪便污染的羊毛，品质降低。另外，羊蜱蝇还能传播羊的虱蝇锥虫，此系绵羊的一种非致病性锥虫。

图 4-69　绵羊体表的羊蜱蝇

五、诊断

在羊体表观察到虫体，如通常在修剪羊毛时发现虫体即可确诊。

六、防治

可应用药浴或撒粉等方法进行防治。由于蛹的抗药力强，故24～48天须进行第2次药浴。具体请参见羊疥螨的防控。